阅读成就思想……

Read to Achieve

专注力 如何高效做事
Konzentration
Wie wir lernen, wieder ganz bei der Sache zu sein

[德]马尔科·冯·明希豪森（Marco von Münchhausen） 著

张涵 原祯 译

顾牧 审译

中国人民大学出版社
·北京·

图书在版编目（CIP）数据

专注力：如何高效做事 /（德）马尔科·冯·明希豪森著；张涵，原祯译.
-- 北京：中国人民大学出版社，2018.5
ISBN 978-7-300-25618-4

Ⅰ.①专… Ⅱ.①马… ②张… ③原… Ⅲ.①注意—心理学 Ⅳ.① B842.3

中国版本图书馆 CIP 数据核字 (2018) 第 045039 号

专注力：如何高效做事
［德］马尔科·冯·明希豪森 著
张涵 原祯 译
Zhuanzhuli: Ruhe Gaoxiao Zuoshi

出版发行	中国人民大学出版社		
社　　址	北京中关村大街 31 号	邮政编码	100080
电　　话	010-62511242（总编室）	010-62511770（质管部）	
	010-82501766（邮购部）	010-62514148（门市部）	
	010-62515195（发行公司）	010-62515275（盗版举报）	
网　　址	http://www.crup.com.cn		
	http://www.ttrnet.com（人大教研网）		
经　　销	新华书店		
印　　刷	天津中印联印务有限公司		
开　　本	890 mm × 1240 mm　1/32	版　次	2018 年 5 月第 1 版
印　　张	6　插页 1	印　次	2024 年 11 月第 9 次印刷
字　　数	100 000	定　价	55.00 元

版权所有　　侵权必究　　印装差错　　负责调换

Konzentration

推荐序

新媒体时代下的"多动症患者"

有几次关于新媒体的演讲,我分享过一个观点:新媒体正将每一个人变成"多动症患者"。也就是说,在新媒体时代,我们的注意力越来越容易涣散,很难沉浸式地阅读文字。我们的阅读方式在发生改变,我们在"扫视"资讯,在一目十行地浏览出现在我们视野的信息;同时,我们也越来越难以集中注意力去阅读一篇文章,稍微篇幅过长就直接放弃,或者自欺欺人点击收藏,美其名曰"有空再看",可事实是,大部分被我们注意力所抛弃的文章,你可能一辈子都不会再回头去看了。

我们身处一个信息超载的时代。一个人每天接收到的信息,要远远超过大脑每天处理信息的能力。南加利福尼亚大学的马丁·希尔伯特博士(Dr.Martin Hilbert)曾做过一项研究,结果显示:我们每天接受的信息量相当于174份报纸。

而在1986年，当时的人类每天接收的信息量不过是两页半的报纸。你能想象吗？我们的大脑每天要在这么海量的信息里沉浮，是一件多么艰辛的事情。而且，马丁·希尔伯特博士这项研究结果发表于2011年，如今，我们大脑面对的又将是一个更庞大的数字了吧？信息爆炸也就是发生在过去30年之间的事情，显然，人类大脑来不及在这么短的时间内进化出一套"信息净化系统"，帮助我们在一堆噪音中快速过滤出有效信息。

更糟糕的是，一方面我们的大脑没有能力处理如此庞大的信息；另外一方面，我们害怕错过庞大信息里的其中一条。我身边很多的朋友都有点错失恐惧症（Fear of Missing Out，FOMO），他们被爆炸式的信息所包围，却无法抽身而出。他们害怕错过一封重要的邮件，害怕错过重要的新闻或者社会话题，害怕错过朋友圈里朋友发布的最新动态。生活中到底有多少人，为了消除App和通信工具出现的新信息提示，在新媒体上颠沛流离，辗转难安？

也许，还会有人侥幸地认为，还好，我们可以一心二用，甚至可以开启"多任务"模式，同时处理几件事情。就如同金庸先生笔下的老顽童周伯通一般，他左右手可以同时做不一样的事情，比如左手画方，右手画圆。这个事情到底有多难，你不妨拿出纸笔来体验一下。但是老顽童可以做到，并自创右手互搏拳术，一个人同时左右手打出不同的拳法，那应该是一件非常美妙的事情。可是，小说毕竟是小说，现实却是如《专注力》所说，其实我们没有办法实现真正意义上的分心，去同时做两件事情。我们所谓的一心二用往往是指，一件事情是需要注意力的，另外一件是潜意识可以自动完成的。如果你不能同时画出方和圆，不用沮丧，我们大脑的设置本就是如此。

我们该如何消解信息爆炸给我们带来的慌乱？

大多数人都没有办法逃离时代的喧嚣，跑到人迹罕至的地方深居简出，以此重获内心的宁静。但，《专注力》这本书给了一条出路。我们需要的不是逃离，而是一套可以幸免于信息洪流的方法，掌握专注的能力。它可以让我们在纷繁复杂的信息环境里不被打断，安然自处，集中注意力去完成我们的一个工作、一个任务、或者是一个作品。

在壹心理初创时期，我们办公室一直挂着一句来自《诗经》的句子：如切如磋，如琢如磨。即使这个时代容易让每个人变得浮躁，但是我们也要拥有让自己内心宁静的方法，能安静地坐在工作台前，心细如发，去打磨我们的作品，不急不缓。

愿你能享受信息时代的便利，也能获得"古典式"的专注和安宁！

黄伟强
壹心理创始人

Konzentration

译者序

现代社会，随着计算机、各种通信设备和消费类电子产品的普及，数字媒体已经越来越成为我们生活和工作中不可或缺的固定组成部分。数字化深入生活的方方面面，深刻地改变着我们的生活方式，为人们带来各种便利的同时，也极大地加快了人们生活的节奏，提高了工作效率，并为人们的日常生活提供了多种多样的可能性。

但是，在这些令人眼花缭乱的好处背后，新的数字媒体也在不断制造着各种困惑与苦恼。在办公室里，正在工作的人会不断被电话和邮件打断，在表面的快节奏之下，实际的工作效率因为无法专注于一项工作而总是不尽如人意；走在路上的"低头族"越来越多，甚至开车的人也会见缝插针地看看手机，因此引发的事故越来越频繁；回到家中，电视、手机和平板电脑提供了丰富多样的娱乐可能，但是人们却无法再专注于其中的某一项，取而代之的是常常在各种娱乐设备之间不断调换；和朋友、家人在一起的时候，我们的眼睛似乎依然离不开自己手里的手机和平板电脑，永远心不在焉……缺乏专注力俨然已成为数字化时代的顽疾。

《专注力：如何高效做事》针对的正是"专注力缺失"这个越来越困扰现代人的问题。其作者马尔科·冯·明希豪森博士与他的团队常年从事心理咨询及培训工作，他将自己多年的经验撰写成书，创作了一系列深受读者欢迎的包括本书在内的心理咨询类图书。他在书中提出了一个令人担忧的现象：现代人正在逐渐丧失专注这项极为重要的技能，而自己却没有意识到。这就好像"温水煮青蛙"一样，当我们已经习惯了被打断，习惯了一心二用，就会把心不在焉当成一件非常正常的事。明希豪森博士认为没有人能够同时完成多项任务，并且持续被打断而造成的专注力下降已经成为阻碍经济和社会良性发展的重要因素，其破坏性远超过我们的想象，因而必须得到重视。

不过，只要掌握了正确的方法，专注力就像人体上的肌肉一样，是可以训练的。掌握了适宜的方法，我们也可以重新找回专注力。

这部著作既非普通"鸡汤"类的书籍，也没有艰涩的专业内容。作者用清晰平实的语言，深入浅出地从专注力形成的生理与心理机制，造成专注力缺失的原因以及由此造成的后果等方面展示并分析了这个数字化时代特有的问题，并在书中重点介绍了重新找回专注力的一些简便易行的方法。相信面临着专注力缺失这个数字化社会通病的读者，将会从书中找到许多问题的答案。

Konzentration

前言

专注力：遗失的财富

想象一下，你正坐在乡下一家温泉酒店的阳台上，想要安安静静地写封信。但是每隔几分钟就有人过来向你问好，询问你一些事情，或者拍拍你的肩膀，请你帮个忙，盯着你看，分散你的注意力。这就像著名的洛里奥滑稽短剧中的一个场景：餐厅的客人无法享用牛肉，因为他不断地被问到食物是否合他的胃口。

就像那位客人没办法用餐一样，你也无法写信——而且现如今大多数人在工作时的情况也大抵如此。因为不停地被打断，他们再也无法集中注意力。更严重的是，因为已经习惯如此，他们已经意识不到这一点了。

注意力的缺失以及工作时不停地被打断在过去的十年中已经成为职场中的一个主要问题，可能也是现代生活中的一个主要问题。盖洛普咨询公司的调查结果显示，由此产生的经济损失是巨大的。仅仅是美国经济每年因为工作时被打断而造成的损失就超过 5000 亿美元。除此之外，英国的一项研究也让人们非常担忧。根据这项研究，一家大企业中有 85% 的员工会在两分钟之内回复邮件，70% 的人甚至 6 秒之内就回复！由此可见，用来思考的时间变得非常少。

对每一个新的信号立即做出反应并且甘愿打断另一项工作的确会产生不良的后果。如果算上重新找回原本思路的时间——可能需要 30 分钟，那么由打断注意力所导致的不良后果就更加严重了。

专注力已经成为现代职场生活中的一项重要核心技能，是决定成功与否和效率高低的重要因素。但是，要怎么做才能集中注意力呢？

"专心点！"你的老师或是家长以前是不是经常对你说这句话？这句话的问题在于，它只是提出了一个善意的要求，却并没有教我们该怎么做，我们在学校里以及后来的职业培训当中通常不会学到应当如何集中注意力。

从本书中，你将会了解到：

1. 为何现在专心做一件事情如此之难；

2. 注意力在大脑中是如何产生的；

3. 如何在日常生活中重新集中注意力。

本书会告诉你如何摆脱那些人们经常意识不到但却无处不在的新媒体（我们并非要对新媒体的各种便利功能提出质疑），向你展示获得新的精神自由的途径，以及如何更高效地工作与娱乐。这样你不仅能更好地把握自己的生活，减少外界干扰，还能完成并实现更多计划。

愿你能专注地、不受干扰地读完这本书。

Konzentration

目录

测试：测测你的注意力集中程度如何 / 1

第 1 章 为什么专注力如此重要 / 3

专注是 21 世纪具有决定意义的成功要素。

专注力杀手 / 10
不停被打断 / 14
异想天开的多任务处理 / 21
心不在焉的人 / 33

第 2 章 专注力是可创造的 / 39

人们常常会听到这样一句话："现在，专心点！"但并没有人教我们该怎么做到专心。

现在，专心点 / 42
集中注意力三步法 / 43

第3章 练就伟大的本领：避免干扰 / 49

注意力会被两类干扰破坏：外部的和内部的。

是什么在吸引我们注意 / 51
外部和内部干扰 / 53

第4章 如何在压力下集中注意力 / 61

压力越大，肾上腺素分泌越多，集中注意力就越困难。

肾上腺素及其效果 / 64
错误的波长 / 67
缓解压力 / 68

第5章 如何获得持久的专注力 / 73

让专注的状态一直陪伴着我们，集中注意力的积极作用才能真正得以发挥。

棉花糖和胡萝卜 / 76
心流与多巴胺 / 80
被低估的成绩曲线 / 85
停止内心的呼喊 / 89
放松的益处 / 90

第 6 章　训练你的专注力　/　97

专注力可以像肌肉一样通过训练得到提高。

冥想：为什么？怎样做　/　100
学会感知　/　105
禅的奥秘　/　109

第 7 章　专注于积极的事物　/　113

关注积极的事物会拓宽我们的视野，释放积极的情绪，并提高我们的行动力。

令人惊讶的问卷调查　/　115
焦点起着决定作用　/　118

第 8 章　沟通中的专注力　/　125

在与他人沟通时，专注于沟通本身。

一心二用就是没有用心　/　128
糟糕的部分注意力　/　131
我在哪儿？你又在哪儿　/　134
专注地争吵　/　137

第9章　摆脱新媒体对专注力的伤害　/　141

如今，数字媒体似乎掌控着我们的生活，令很多人陷入了"数字疲劳"。

新媒体——福兮祸兮　/　145
玩游戏的人　/　147
聪明地运用媒体　/　149

第10章　专注力的灵丹妙药　/　157

哌醋甲酯和莫达非尼或许可以用来改善专注力。

合法的大脑兴奋剂　/　160
选择与结果　/　160

第11章　专注力对于企业的意义　/　165

企业需要专注于创新和员工。

已有的还是新鲜的　/　168
以人为本　/　172

Konzentration 测试

测测你的注意力集中程度如何

请你阅读以下 25 句话，并判断它们是否符合你的实际情况。最后将每题的得分数相加。

	经常	有时	从不
1. 我醒来后会立即查看手机上的最新消息	0	1	2
2. 吃早饭的时候我会回复邮件、上网、用手机或平板电脑看新闻	0	1	2
3. 开车时我会打电话	0	1	2
4. 工作时，我总是会被邮件或者电话打断	0	1	2
5. 开会时，我同时用手机或平板电脑工作	0	1	2
6. 同事会打断我的工作	0	1	2
7. 我在工作时有不被打扰的时间段	2	1	0
8. 别人总是能联系到我	0	1	2

续前表

	经常	有时	从不
9. 我能较长时间集中精力做一件事	2	1	0
10. 我很容易就能集中注意力	2	1	0
11. 我同时处理多个任务	0	1	2
12. 在谈话中我始终倾听谈话对象说的话	2	1	0
13. 在工作中我会休息片刻以恢复活力	2	1	0
14. 我经常会走神	0	1	2
15. 吃饭时我会关闭手机或者将手机调成静音	2	1	0
16. 看电视时我会频繁更换电视频道	0	1	2
17. 有压力时我很难集中注意力	2	1	0
18. 集中精力做一件事的时候,我的注意力很难被分散	2	1	0
19. 坚持以及集中精力做一件事对我来说毫无困难	2	1	0
20. 我定期做脑力练习	2	1	0
21. 我会静坐冥想	2	1	0
22. 我在工作时总会感受到心流	2	1	0
23. 我感觉心慌意乱,思想不集中	0	1	2
24. 数字媒体掌控了我的日常生活	0	1	2
25. 我很享受没有手机或网络的周末	2	1	0

微信搜索"阅想心界"公众号,点击关注,回复关键词"专注力",获取测试答案。

第 1 章
为什么专注力如此重要

Konzentration:

Wie wir lernen, wieder ganz bei der Sache zu sein

专注是 21 世纪具有决定意义的成功要素。

米夏埃拉·霍尔施坦娜（Michaela Holsteiner）在手术台旁已经站了四个多小时了。她是腹腔外科医生，视野仅限于医用头灯照亮的那五至七厘米的区域。在她面前只有打开的腹壁和裸露在外的肝脏。她的手里拿着解剖刀，此刻，她的世界里只有内脏、手术器材、导管、超声波、脑电波和人工心肺机，其他的一切仿佛都消失了。在手术过程中，她几乎不吃不喝，也不去上厕所，当然，她也不会受到手机铃声的干扰，不能查看电子邮件，更不能和同事闲聊。就算是头皮发痒，她也不能用手去挠。从手术开始，时钟就滴答滴答地走着。她非常清楚自己有多少时间做肝脏手术。也就是说，她从一开始就完全沉浸在手术当中。开刀，缝合，打结，缝合——许多细微的步骤与操作，一次又一次地被重复，这就是她所做的全部事情。她沉着冷静、聚精会神地做着一项极为复杂的工作。除了她的专业能力之外，最为重要的或许就是她几个小时专注做一件事情的能力，这一能力现如今已变得越来越稀缺。手术结束后，她才放松下来，但是她并没有觉得精疲力尽，而是获得了一种成就感，因为除了手术，再也没有其他事情是她更喜欢做的了。她常常在手术台旁站六到八小时，有时甚至十小时。她在童年时期就能集中精力做好几个小时的手工，现在她可以聚精会神做几个小时的手术。支撑着她完成这项工作的是她的专注力。那么，这一能力有什么特别之处呢？

> **思考** 你是否有完全沉浸于一件事情之中的时刻？是什么事情呢？
>
> _____
> _____
> _____

在 20 年前，专注力还是一种几乎没有人关注、被低估了的精神能力，但它又常常被视为做很多事情的前提条件。人们常说："专心点！"但是如何才能专心以及这一过程中到底发生了什么，既没有人教给我们，也没有人对此进行广泛的研究。在过去几年中，专注力逐渐成为众多研究的对象以及职场和经济生活中最主要的话题。美国威斯康星大学的脑神经学家理查德·戴维森（Richard Davidson）发现，人们要在生活中取得杰出成就及成功，专注力是必不可少的因素。工作的好坏以及我们能坚持工作多长时间取决于我们如何调整并集中注意力。在一定程度上，它可以作为我们生活中的导航仪。同时，专注力也扮演着"看门人"的角色，它可以决定我们每天面对的大量信息中有哪些刺激可以进入大脑的控制中心。因此，专注力是自我管理的关键所在，也是 21 世纪一种具有决定意义的成功要素。

简而言之，专注是一种状态，在这一状态下，人们将所有注意力集中在一件，且仅集中在一件事上！也就是说，我们将所有精力都汇聚在一起（像一束光一样），集中在正进行的任务上。或者换种说法：在最小的点上凝聚了最大的力量。你还记得小时候用放大镜或者是瓶底汇聚阳光来点燃树叶或者纸张吗？不管怎样，你应该知道这是可以做到的。

在我的学习班和讲座上，我常会问参与者这样一个问题："你认为利用月光将物体点燃需要多长时间？"所有人都知道这是不可能的。但是为什么不可能呢？有些参与者说是因为月亮本身并非光源，它只是反射太阳光。事实并非如此。如果月亮像一个巨大的抛物面反射器一样将太阳光汇聚在一起再射向地球的话，那么到达地球的将会是一束能烧毁一切的能量光线。事实上是因为月球表面坑坑洼洼、凹凸不平，以至于它反射的太阳光线变得很分散。散射光产生的效果很微弱，就像思想不集中的大脑一样效率低下。接着我向参与者提出一个有点挑衅意味的问题（也向你提出这个问题）："在书桌前工作时，你是哪种光？太阳光还是月光——聚精会神还是三心二意？"说实话，我自己也注意到自己在工作时时常会像月光那样不集中！那你的情况如何呢？首先我们用一张图来展示一下注意力集中与不集中之间的区别：

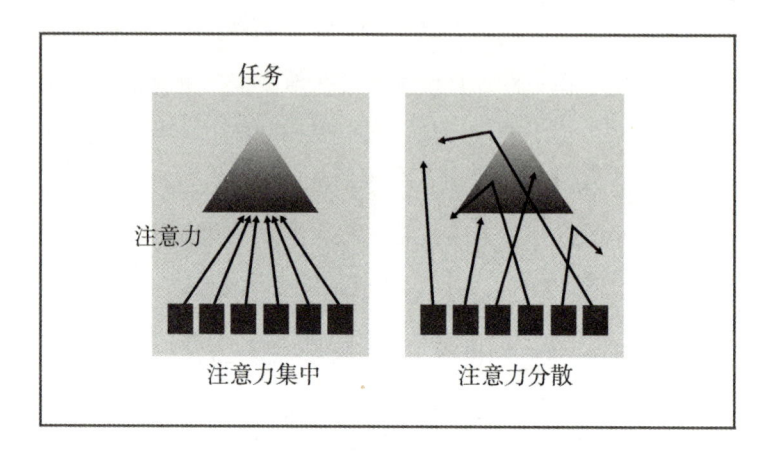

令人震惊的是：大多数情况下我们的注意力都是分散的，是不集中的。专注对于我们所有人而言都是一种正在变得越来越罕见的例外状态。如果我们真能集中注意力从事一项工作的话，那我们将会获得成倍的收获。

■ 最重要的是，通过集中注意力做一件事情，我们能够提升成绩与效率，能够在更短的时间内完成一项任务（并且通常情况下耗费的精力也更少）——就像开保时捷时从二档挂到最高档一样，或者说像从走走停停的城市道路模式转换成高速公路模式。这一关系可以用如下的数学公式来表示：

成绩 = 花费的时间 × 专注程度（当然，出发点是能力水平相同）

■ 通过集中注意力，我们可以不用费太大力气，几乎是自然而然并且很轻松地就能取得一定成绩。

- 神经心理学研究表明，在注意力集中的状态下，外界的干扰会逐渐消失；大脑在一定程度上会阻止外界的刺激干扰我们的意识，并保证意识处于注意力集中的状态下。就像沉浸在游戏中的孩子一样，他是真的听不到母亲在叫他。
- 与此同时，在注意力集中的状态下，其他的想法都变得不重要，尤其是那些当我们的注意力没有完全集中时，会不由自主担心的事或者想到的问题。集中精力工作的人不会胡思乱想，甚至能够遗忘自身，这是一种健康的忘我状态。如果能够暂时忘却自己的话，我们会感到很舒适惬意。
- 如果将注意力完全集中在此时此刻，我们常常会觉得时间似乎停滞了。如果全身心投入一项工作的话，我们会失去时间感或者感觉"时光飞逝"。这是一个很矛盾的现象，时间在"停滞"的状态下"飞逝"！
- 集中精力从事一项工作常常会带来舒适感与快乐，这是因为多巴胺和内啡肽起了作用（详见第5章）。想在工作时感到快乐，只需要全身心投入其中就够了！
- 最后，我们在注意力集中的状态下还能够恢复精力。这听起来有些让人出乎意料，但是没有什么事比专心致志、集中精力从事一项工作更能令人满足、让人感到精力充沛了。从事什么样的工作并不重要，集中注意力工作才是重点。越是经常聚精会神地工作，我们就越能够获得内心的安宁，感到压力或精疲力尽的情况也就越少。

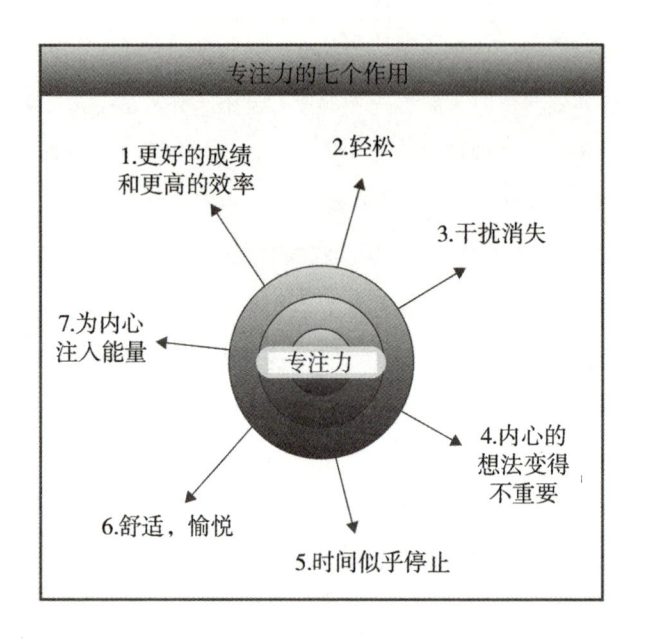

```
          专注力的七个作用

              1.更好的成绩
              和更高的效率    2.轻松

                                   3.干扰消失

       7.为内心
       注入能量         专注力

                                   4.内心的
                                   想法变得
                                   不重要

          6.舒适，愉悦
                         5.时间似乎停止
```

思考 在你集中注意力工作时，你曾感受过专注力的以上哪种作用呢？你只需将图表中的数字写在下方即可。

_____

_____

专注力杀手

约翰早上六点半被手机闹铃从睡梦中叫醒，他一醒来就伸手去拿这个时刻陪伴左右的东西，第一件事就是查看短信、WhatsApp 信息、邮件以及 Facebook 上有哪些新鲜事。在浴室里，他听着夹杂了路况信息和轻快音乐的新闻。在厨房吃早餐时，他用平板电脑浏览《明镜周刊》（Der Spiegel）网络版上的评论，又看了几封邮件，一边嚼着食物一边打了几通私人电话。那些更加重要的、不太方便吃着东西打的电话他会留在上班路上，伴着汽车里的广播声和别人交谈。接着像仓鼠轮一般连轴转的一天就开始了：回复最新的邮件；准备做展示；与同事谈话；不停地打电话，有时甚至要同时接听两部电话；开会，在开会的时候他继续用手机上网……期间为了放松一下，他为下一次度假寻找度假屋。中午在食堂吃饭时，他继续活跃在网上，与朋友商量周末做什么……这一天接下来的时间继续如此，直至晚上六点半左右。他随后在常去的那家酒馆待了一会儿，喝了杯冰啤酒，边和同事闲聊，边用手机看汉堡和沙尔克的足球比赛直播。终于到家了，他舒舒服服地坐在电视机前，吃着外卖比萨饼，喝一杯上等的红酒：不停地换台，顺便上网浏览，打几通电话，用手机帮助一位同事完成总结报告，如此种种。他自己带回家的文件处理不完了，因为惊悚片对他的吸引力更大。接着，一档关于"数字时代专注力缺失"的节目开始了。他稍稍思考了一下，这是个很重要的话题，但是他太累了，所以没办法集中精力看完这个节目。于是在十一点半左右，他拖着疲惫的身体上床睡觉，睡前还不忘再最后看一眼手机，再最后回复一条短信，定个闹钟，接着，他在过了17个小时之后终于将手机关机，准备入睡。第二天早上，手机会准时把他叫醒——然后这一切又再次上演。

美国经济学家的一项研究表明，目前有 80% 的劳动者无法将精力只集中在一项工作上。似乎自 21 世纪以来，我们就逐渐丧失了专注力。如今我们生活在一个对专注力充满敌意的世界中，谁，或者我们应该说，什么要对此负责？以下列举了我们生活中的一些最主要的专注力杀手，它们并不是单独行动而是互相影响的，形象点说，它们甚至会相互合作。

- 我们首先从这样一个事实出发（这不是什么新知识了）：我们大脑最基本的状态并非注意力集中的状态，而是注意力分散的状态——也就是说，注意力处于一种划分为很多块的状态，并在不同事物之间来回移动。如果我们的大脑不处理具体任务的话，那么我们身体里的搜索引擎就会来回游走，扫描周围环境，寻找危险或者有吸引力的刺激。我们的祖先不得不在荒野中时刻注意周围环境中潜在的威胁以及可能获得的猎物。只要这样的刺激一出现，我们的注意力便会转移到这上面来，然后再转向下一个刺激。我们的注意力就像探照灯一样跳来跳去，很少能长时间停留在一件事上——也就是 Mind-Wandering，即所谓"心智游移"。
- 大脑的这一基本趋势毫无防备地遇上了我们当今时代的一个现象：我们的精神成了数字媒体离心力的傀儡。它从早到晚、或多或少有些无意识地任由各种刺激和诱惑摆布，并对此无能为力。
- 我们每天都受制于大量且数量不断增长的信息，它们通过各种媒体渠道向我们袭来。我们的大脑几乎无法处理这些常常相互并无关联且多半不重要的信息，并且我们也没有时间去思考这些信息到底是什么意思。心理学教授恩斯特·珀佩（Ernst Pöppel）认为，我们"被输入的太多信息淹没并且感到无所适从"。

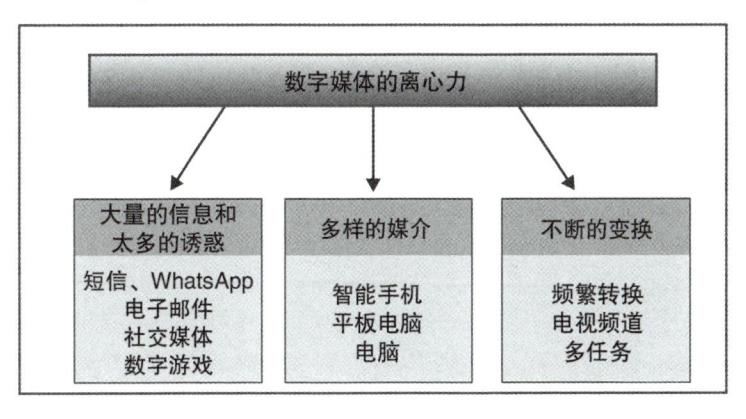

```
                    数字媒体的离心力
        ┌───────────────┼───────────────┐
        ▼               ▼               ▼
   大量的信息和        多样的媒介         不断的变换
   太多的诱惑
   短信、WhatsApp      智能手机          频繁转换
   电子邮件            平板电脑          电视频道
   社交媒体            电脑              多任务
   数字游戏
```

■ 数字媒体的多样性带来的大量诱惑也造成了信息的不断增加：手机、平板电脑和笔记本电脑上的短信、电子邮件、即时推送、Google快讯及弹窗争相吸引我们注意。社交媒体、实况播报、虚拟游戏和数字游戏不断地转移我们的注意力并将其吞噬。诺贝尔经济学奖获得者赫伯特·西蒙（Herbert Simon）许多年前就警告人们："信息会消耗其接受者的专注力，信息的丰富导致了专注力的贫瘠。"

■ 所有这一切都是因为不间断的变换。我们不会长时间地停留在一则消息或者一部电影上，而是会在信息源之间不停地转换，并且一直想着一个问题："我们选对了吗，看的是最有趣的那个电视节目吗？我是否错过了别的频道或是其他聊天室里的某些内容？"在周日晚上收看电视娱乐节目似乎是种充满仪式感的事情，但是看电视剧《犯罪现场》（*Tatort*）的人常常同时上网在评论区写他刚刚看到了什么，并且阅读其他用户发表的评论。片子本身已经满足不了我们，许多人甚至对于不停地换台、同时看所有频道感到自豪（即使所有节目都没有好好看，这一点我们在后面还会谈到）。

就这样，在媒体带来的各种刺激的轮番轰炸下，我们陷入持续不断的混乱之中。娱乐会分散我们的注意力！但最严重的是与此相关的、持续的打断和被很多人信以为真的多任务处理。

不停被打断

周三上午 11 点 35 分，简走进马克的办公室，和他探讨要展示的工作内容。在他们刚开始时，马克的手机就响了起来。"不好意思，简，这是个重要客户……就几句！"——"早上好，朔尔先生，我正在开会，可以……啊，这样啊，是什么事呢？"马克打电话时，简快速地查看了一下手机上的信息，回复了几条，同时说了一句："怎么能这样！"马克将手指放到了嘴前，指了指他的手机，恳求似的示意简小点声。但此时，下一通电话已在等待接入：这通打断工作的电话被打断了。"不好意思，朔尔先生，我马上回来接听您的电话……"——"您好，我正在接电话……我稍后给您回电话……一定！嗯，15点之前！"呼叫保持使得朔尔先生依然能在电话那头等待通话。马克在和他继续通话的过程中收到了一封邮件，他顺便看了一眼邮件。"厚颜无耻"，他想，结果错过了朔尔先生说的最后两句话。"不好意思，您刚刚说什么？我刚才有些分神。"这时桌上的座机响了，虽然有答录机接电话，但说话人的声音所有人都能听得见。简生气地离开了办公室，走的时候还不忘意味深长地看了马克一眼。马克恨不得找个地缝钻进去——刚才打电话的是谁来着？

这样的情形听起来很不可思议？在15年前，这可能有些疯狂，但在如今，这就是办公室里的日常情形。如今我们被打断的次数比以往任何时候都多，每个人都可以随时随地联系到另外一个人，因此，我们也几乎都会这么做——这就是现代通信工具打断人们生活的逻辑。

21世纪初，被打断这个问题尚被低估，它被视作个人缺乏纪律性的表现，大家要做的是依照"专心做最主要的事"这个口号自己解决这个问题。在过去的十年中，被打断已成为现代职场中最主要的干扰因素。劳动心理学家与劳动效率研究者大量的调研和文章、各种会议以及学术研讨会都证实了这个问题的严重性。美国纽约的一家科技公司Basex和加利福尼亚大学给出了第一批令人担忧的数据，英国的调查研究也证实了这一结果。

- 因为在工作时被打断，美国经济每年损失5880亿美元。据粗略估计，如果人们假定德国的职场环境和美国相似的话，那么德国每年的损失金额超过1000亿欧元[①]。作为对比：联邦预算每年为3000亿欧元——也就是说，我们的国民经济每年会因为工作被打断而损失将近三分之一的联邦预算。
- 办公室职员在工作时，平均每11分钟就会被打断一次，并且开始做别的事情。
- 除了电话，不断到达的邮件也是分散人们注意力的主要因素。一项调查表明，85%的职员两分钟之内就要回复一封收到的邮件，70%的职员甚至6秒之内就要回复一封。

> **思考** 你对一封邮件的反应速度有多快？
> 　　　　秒至　　　　分钟。

- 收到邮件就回复的确会影响工作，而且在工作被打断之后，人们需要一段时间才能重新开始原来的工作。通常情况下，员工在继续原来的工作之前会先做两项其他的工作，这样一来，平均20至25分钟就过去了。等思想回到原来的工作上又需要8分钟的时间。曾在工作被打断之前浮现在脑海中的重要想法肯定是无影无踪了。如果计算一下的话，就会发现，离下一次工作被打断只剩下3分钟的时间了。在劳动学中，

---

① 1欧元=7.727人民币。——译者注

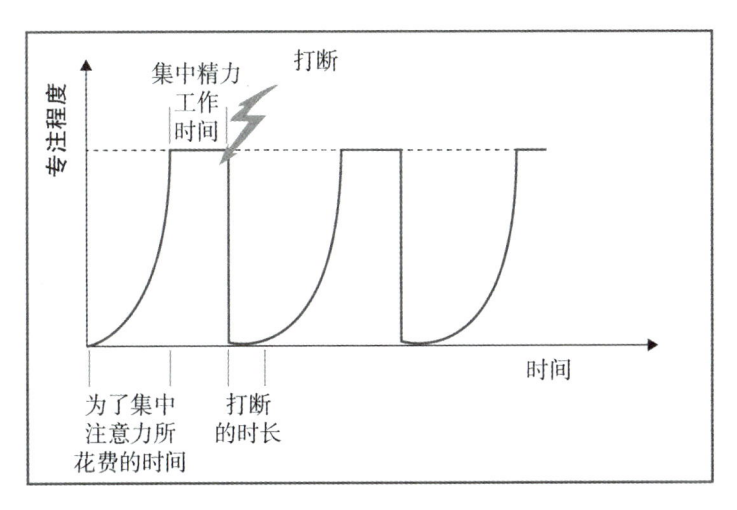

这被形象地称为"锯齿效应"(可以参考下图)。

专注程度　集中精力工作时间　打断
为了集中注意力所花费的时间　打断的时长　时间

■ 除此之外,有超过50%已经开始的工作会因为被打断而半途而废。

■ 但有趣的是,与现有工作存在直接关联的打断会产生促进作用,但是其他的打断却都是有害的。遗憾的是,这种打断才是最常见的。

我们对不停被打断所产生的后果已经很熟悉了:成绩差、效率低、错误频出、每日的目标无法完成。伦敦国王学院的一项研究表明,与毒品的影响相比,工作被打断会导致更差的成绩:研究 被打断比毒品更不利于工作。 中,吸食大麻的对照组在解决中等难度的问题方面与清醒的、但是却被打断的实验组相比成绩更好。如果没有被打断的话,

第1章　为什么专注力如此重要　17

后者的成绩本应优于对照组。如今，有些人甚至把对打断做出反应视作其本来的工作，似乎不被打断的话，他们根本就不知道自己接下来应当做些什么。总之，手机铃声和新邮件对于许多人而言，诱惑性堪比电视机前的袋装薯片：其实并不想吃但还是忍不住要伸手。时间一长，这些都会导致身心健康问题，包括抑郁和倦怠。

该清醒了！但是要怎么才能清醒呢？走神的人常常意识不到自己走神了，尤其是当其他人似乎也都如此的时候。慢慢地，我们对此形成了习惯，就像温水里的青蛙逐渐习惯了不断升高的温度一样。你知道关于青蛙的这个实验吧？实验是这样的：如果将青蛙扔进装有热水的锅中，它立马就会跳出来。相反，如果将青蛙扔进装有冷水的锅中，并将水慢慢加热至沸腾，那么青蛙就会安稳地待在锅里直至死亡，因为它意识不到水温在逐渐上升。与此类似，人类的意识也无法正确感知逐渐发生的变化。我们几乎没有意识到数字媒体在过去十年中带给我们的变化，我们就这样蹲坐在锅内，任由自己被不停打断！很遗憾，我们没办法真正感受到工作的中断在大脑中会产生什么影响以及它会对我们手头工作的完成产生多大的阻碍。

在日常生活中，你基本感受不到刚刚正在进行的工作被打断后会产生哪些影响——我自己也是如此，尽管我对这个话题做了深入的研究。不过，当我把自己关起来，与外界完全隔离好几天（例如为了写这本书），然后在某个上午打开手机并接收邮件的时候，我就会察觉到不同：这有利于我自己亲身体会我所写的内容（或者说受其折磨）。

干扰不只来自外部，自我打断同样有害。

分散我们注意力的不仅仅是来自外部的打断。就算没有同事突然闯进来，我们在工作时也暂时不受邮件和电话打扰，我们的内心也会产生干扰。劳动研究者将打断分为内部打断和外部打断，他们发现，大多数坐办公室的人被自己打断的频率与他们被外界干扰的频率差不多。自我打断一个不太为人所注意的形式便是由自身意志所造成的工作被打断，例如脑海中突然冒出一个与其他的项目、即将召开的会议、一项需要完成的工作或者私人生活中的一些事情有关的想法——我们的思维一下就转移到新的话题上去，就像停下手头的家庭作业开始和猫玩耍的孩子一样。10到20分钟很快过去，人们这才突然"清醒"并且意识到自己正在做其他的事情。在很多情况下，把我们从走神状态中拉回来的是手机铃声：内部打断因为外部打断而被打断。如此周而复始！

引起我们分神的可能是一些很无聊乏味的东西，例如屏保上的度假照片或孩子的照片。德国莱比锡大学的心理学家米夏埃尔·米勒（Michael Müller）借助能够测量脑部电流活动的脑电图发现，这些能够引起我们情绪波动的图片即使只是短时间内吸引了我们的注意，也会打断我们原本的注意力。短暂的分神足以对反应速度产生能被仪器捕捉到的影响。谁能感觉到思维上的这种中断呢？起因虽小，但（思路被打断的）影响很大——很不幸，事实就是如此。

在家中，这一切还在继续着。看电视的时候，打断在继续，因为我们不停地在各个频道之间换来换去，这样我们的大脑就只能短时间集中于一个电视节目上。如果感到这个节目没什么意思，我们就会调台，神经元之间的突触就会收到新的信息。关电视准备休息的时候，我们常常想不起来自己看过哪些节目。我们没有意识到，这会使我们的内心变得干涸而不是帮助其恢复元气。当然，我们也无法总是不受干扰地看电视，因为如今大多数人随时随地都能被联系到：看电视的同时手机响了或是收到了新邮件。我们坐在电视机前可以同时查看邮件，进行多任务处理（下文中会有更详细的介绍）。最后，这不停被打断的一天伴随着入睡结束，而第二天很可能接着像这样进行下去。

思考 你的情况如何？你有过不停被打断的经历吗？或者你会留出一些时间段，有意识地避免被打断吗？

专注力：如何高效做事

> **打断的影响和后果**
>
> **影响：**
> - 平均每 11 分钟被打断一次；
> - 常常会立即对打断做出反应；
> - 再次集中注意力之前会产生时间上的滞后（锯齿效应）；
> - 许多工作没有做完。
>
> **后果：**
> - 成绩变差；
> - 效率低下；
> - 错误频出；
> - 每日的目标无法完成。
>
> → （不仅仅）造成巨大的经济损失
> （美国每年损失超过 5000 亿美元）

异想天开的多任务处理

在我们探讨多任务这个话题之前，我想向你提出一个问题：以下哪些事情你常常会同时做？

- 开车和听 CD 或者打电话；
- 吃饭和看电视；
- 倾听别人说话和沉浸在自己的想法中；
- 与孩子们玩耍和计划要采购的东西；
- 看电视和上网；
- _____和_____；
- _____和_____；

第 1 章 为什么专注力如此重要

■ _____和_____。

民主主义教育家约翰·亨里希·裴斯泰洛齐（Johan Heinrich Pestalozzi）在19世纪末的时候曾经尝试将学生的注意力分散在许多不同的事物上，以此训练他们同时完成多项任务的能力。可以说，这为我们需要克服同时出现众多外部诱惑的日子做了很好的准备工作，也就是我们如今常说的"多任务"。"人们能够同时完成的事情越多，就会变得越博学多才，也能省下更多的时间"其实是21世纪的咒语。

思考

在你继续往下读之前，请你稍微停一下并且思考，你是否认为以下这句话正确。

我认为，人们能够同时完成多件事，是：
☐ 正确的；
☐ 在有些情况下正确；
☐ 只适用于女性；
☐ 在极少情况下正确；
☐ 全是胡说八道。

事实上，人们长久以来一直坚信多任务处理是有可能的：我们可以在开会的同时查看邮件；可以边吃饭边看电视；边开车边打电话；可以边跑步边背英语单词。如今大家不都觉得这是日常生活中理所当然的事情吗？

如果想取得进步，有尽可能多的收获并且想要完成尽可能多的工作，那就必须进行多任务处理。长久以来，这似乎已经成为共识。但是在20世纪50年代，英国曼彻斯特技术学院（Manchester College of Technology）的认知科学家爱德华·科林·谢里（Edward Colin Cherry）利用其经典的鸡尾酒会实验得出了与此相反的结论。实验结果表明：多任务处理是完全不可能的，而且纯属虚构！

> 多任务处理是异想天开。

就像在鸡尾酒会上人们有时候会忍不住在谈话的同时偷听邻座的人的谈话一样，谢里让被试戴上耳机，左耳听到一种信息，右耳同时听到另外一种信息。被试的任务是集中注意力尽可能准确地将右耳听到的信息复述出来。他想通过这个实验测试一下被试是否也能复述一些他们左耳听到的信息。同时倾听两位演讲者的讲话是有可能的吗？不！被试中没有人能够复述出另外一条信息中的内容，他们甚至都无法说出是男性还是女性在说话，也不知道说的是哪种语言。谢里的实验表明：多任务处理是幻想，是传说。我们以为自己可以同时完成多项任务，但事实上我们的大脑只能集中注意力于一件事情上，它不允许"多轨并行"。但是我们的大脑可以在不同的任务之间快速地切换。它在不同的内容之间来回转换，使我们的短时记忆能力得到最大程度的发挥。令人惊讶的是，眼科医生卡尔·海因里希·德宗迪（Carl Heinrich Dzondi）早在1816年就认识到了这一点。

思考

请你试着同时满足以下所有要求：
1. 请你首先阅读第5条指示；
2. 现在请你阅读第4条指示；
3. 你没有通过该测试！你不应该读这句话！
4. 请你不要阅读第3条指示；
5. 现在请你阅读第2条指示。

但是我们需要考虑到两种不同的行为类别：下意识行为和有意识行为。两种行为中如果有一种已经变成了下意识的动作或者不再被关注，而且我们可以将全部注意力集中在另一种行为上的话，那么两者在一定程度上就可以同时进行。所以我们才能在收拾花园的同时听音乐或者在洗碗的时候听新闻。边看电视边吃饭也是可以的，只是吃完之后并不一定会记得食物的味道如何。同样，在开车的时候也可以打一通重要的电话，但你也已经意识到了：如果没有将主要注意力放在观察路况上的话，那么这样的做法就是有问题的，甚至会带来危险。美国心理学家丹尼尔·卡尼曼（Daniel Kahneman）在其名为《思考，快与慢》（*Schnelles Denken, langsames Denken*）一书中对此做出了很好的解释：如果我们对某件事非常熟悉并且能够下意识完成的话，那么我们大脑上部（思考较慢的）有意识的控制中心就会将执行这一行为的任务移交给思考较快的间脑。因此，我们可以顺带着开车、刷牙、洗盘子、吃饭以及做类似的事情而不用特别关注这些事。

> 你可以试着训练多任务处理，但你也以试着给你的宠物喂越来越少的食物。——克里斯托夫·蒂尔克

但是有意识并且同时完成两项相互冲突的运动、视觉或是语言方面的行为是行不通的。人无法将注意力同时集中在右上方的点与左下方的点上，或者在写文章的同时听新闻。在看电视的同时上网对于大脑来说也要求过高了：如果边收看《犯罪现场》，边在谷歌上搜索查看新的苹果手机或者是旅游目

的地，那么在看完之后，我们对影片可能只有一些零零碎碎的记忆。

■ 多任务处理不仅仅只是一个幻想，而且尝试同时完成多项任务从很多方面来看都是有害的，并且会成为"对效率的诅咒"。

■ 多任务处理妨碍并且损害人的专注力。信息流会因为各种任务之间的不停转换而相互阻碍。这样人们会丧失越来越多的认知控制能力，并且更容易犯错误。也就是说，不停地转换工作削弱了我们专注地接收信息的能力。

■ 多任务处理对于大脑而言是很费力的。加拿大蒙特利尔市麦吉尔大学的心理学及神经科学教授丹尼尔·列维京（Daniel Levitin）对此做出了如下描述：从一个活动转换到另外一个活动，会导致前脑中葡萄糖消耗的增加，而葡萄糖是我们集中注意力所必需的养分。事实上，我们消耗的是大脑重要的营养物质。这就解释了为什么我们很快会感觉到精疲力尽：脑中的化学物质都被消耗光了！

交通事故中的多任务处理与注意力分散

2016年2月，巴特艾布灵发生一起严重的火车事故，造成12人死亡，84人受伤。根据检察院的调查，导致该事故最主要的原因是调度员手机上的一款网络游戏分散了他的注意力。2013年7月，西班牙一辆火车脱轨，原因是火车司机与一位同事打电话闲聊，忘记了在转弯前及时降低车速。该事故导致80人死亡，144人受伤。2008年，美国也曾发生过一起类似的事故，导致 25 人死亡，事故原因是火车司机被手机短信分散了注意力。

在城市交通中，汽车司机被智能手机或导航系统分散注意力引发的事故越来越频繁。

- 如果边开车边使用手机，那么（和集中注意力开车的司机相比）发生事故的风险会增加三倍以上。只要稍微想象一下，这一点就很容易理解了：在时速为 100 公里的情况下，司机盯着手机屏幕看两秒钟，就已经盲驾了 60 米！
- 开车时编辑手机短信会导致发生事故的风险增加六倍！
- 输入手机号码会导致发生事故的风险增加十二倍！
- 操作导航系统也会使发生事故的风险有明显上升。
- 在德国，每年大概有 50 000 起交通事故是因为驾驶员被智能手机分神所导致的，并且这一数字还在呈现不断上升的趋势。

行人也陷入了危险境地。2016 年 3 月初，慕尼黑一名 15 岁的女生走在街上，耳朵里塞着耳机，眼睛盯着手机屏幕。她既没有听见身后正向她驶来的有轨电车，也没有看到它，结果被卷入车底拖行了一段距离，不幸身亡。这些人被称作"手机僵尸"（smombies），这是一个由智能手机（smartphone）和僵尸（zombies）组成的词，2015 年当选为年轻人最爱用的年度热词。"手机僵尸"指的是那些在路上除了手机屏幕以外其他什么都不看的人，这些人只顾着聊天而没有左右观察路况，光顾着玩手机游戏、听歌、看视频，没有注意交通状况或及时地停下脚步。他们走到哪里都是低着头，沉浸在另一个世界中。"低头族"也被称作"数字行人"或是"盯着手机看的人"，其人数在不断增加，发生事故的数量也在不断增多。德国机动车监督协会最新的一项调查显示，超过 20% 的年轻人是低头看着手机走在路上的。2016 年，科隆和奥格斯堡的市政部门开始采取措施，通过在地面安装红绿灯来应对这一现象：地面上的红色闪光灯可以避免手机使用者在横穿马路的时候闯红灯。在中国，拥有千万人口的大城市重庆还特意在人行道上为智能手机用户专门设立了一条通道。不过，人们还是希望数字世界能够为这一问题提供解决方案。既然无法使手机用户清醒过来，那就开发一款手机应用，当红灯亮时，显示屏会闪起红色的光，及时地叫醒这些"手机僵尸"们！

在还没有这些措施之前，为了你自身的安全，你应当注意以下（虽理所当然、却可能被遗忘的）对于生存至关重要的规定，并且让你的孩子也遵守。

在开车时：

1. 在开车前操作导航仪；

2. 使用免提通话；

3. 不要阅读或者编辑短信。

后果：

1. 眼睛朝前看（不要看手机）；

2. 留一只耳朵注意听周围的声音（两只耳朵不要同时塞着耳机）。

- 多任务处理不仅累人，而且效率低下。由于工作能力降低，我们完成的工作非但没有增加，反而减少了；工作质量也没有变好，反而变差了。伦敦格雷沙姆学院的格伦·威尔逊（Glenn Wilson）指出，多任务处理对于智力造成的损害会使得有效智商降低10个点，所造成的后果甚至比吸食大麻更加严重。凯特·麦高文（Kat McGowan）还说：在边开车边打手机情况下，注意力被分散的程度就相当于喝了两三杯酒一样。由此得出的结论是：多任务处理会显著降低工作能力。

- 斯坦福大学的神经科学家拉斯·波德瑞克（Russ Poldrack）在一项研究中发现，多任务处理会对学习产生阻碍作用并使记忆力变差。其原因之一在于，如果大脑尝试同时做两件事情的话，那么它就很难将重要信息与不重要信息区分开；另一个原因是，如果在学习的同时做多件事的话，那么新信息就会被存储在大脑中的错误区域。如果学生在学习的同时看电视，那么学习的内容将会被存储在纹状体中，这是一块负责存储行动技巧的区域，并非用来存储数据和想法。如果不看电视，新的知识会被存储在海马体中，在这里，新的知识会被分类、整理，以便以后调用。边看电视边学习在某种程度上是一种自我欺骗和自我毁灭。

- 多任务处理会损害创造力。问题的解决以及创新性的想法常常要求人们在一定的时间内（尽可能不被打断）全身心投入在一件事情上。如果大脑能在集中注意力与放松之间自如切换的话，这也是颇有裨益的。在大脑放松的时候，我们的想法可以毫无压力地四处游走，这样就能够产生新的联想或在想法间建立新的联系，常常会激发出好的主意或解决方案。尝试同时完成多项任务时就不会有这样的效果。加利福尼亚大学欧文分校的信息学教授格洛丽亚·马克（Gloria Mark）在其研究中得出结论："多任务处理不利于创新。"

■ 多任务处理会导致压力、紧张，时间久了会对健康产生损害，因为它会引起压力激素肾上腺素和皮质醇的分泌增加，妨碍甚至阻碍人们思考（详见第 4 章）。同时处理多个任务的人会变得越来越焦虑，联邦劳动保护和职业病研究所的压力报告也证明了这一点：超过一半的受访者认为自己因为多任务处理而承受很大压力，感到身心紧张，并且健康受到了损害。

■ 不幸的是，危害我们的不仅是主动的多任务处理，单单是存在多任务处理的可能性就足以对我们造成不良影响。在电脑的收件箱里有一封未读邮件就已经足以妨碍并降低我们的专注力。

多任务处理的七个危害

1. 损害专注力；
2. 使大脑疲劳且费力运转；
3. 降低工作能力，导致效率低下；
4. 阻碍学习，使记忆力变差；
5. 损害创造力；
6. 导致压力与健康问题；
7. 导致交通事故。

既然如此，为什么依然会有那么多人同时处理多个任务呢？多任务处理真的是 21 世纪技术变革的必然结果吗？是外部因素迫使我们这样做，还是另有原因？

事实上，在多任务处理的过程中还有一个因素起着重要作用。多任务处理令人心醉神迷、使人上瘾：它给予我们一种如鸦片般的内在刺激，由脑细胞中所谓的多巴胺反馈机制提供滋养，让人欲罢不能。我们的脑细胞中有一个迷惑人的、内在的"奖赏系统"，如果大脑注意力不集中并且不断寻找外部刺激的话，它就会给予大脑奖赏。它是怎样起作用的呢？

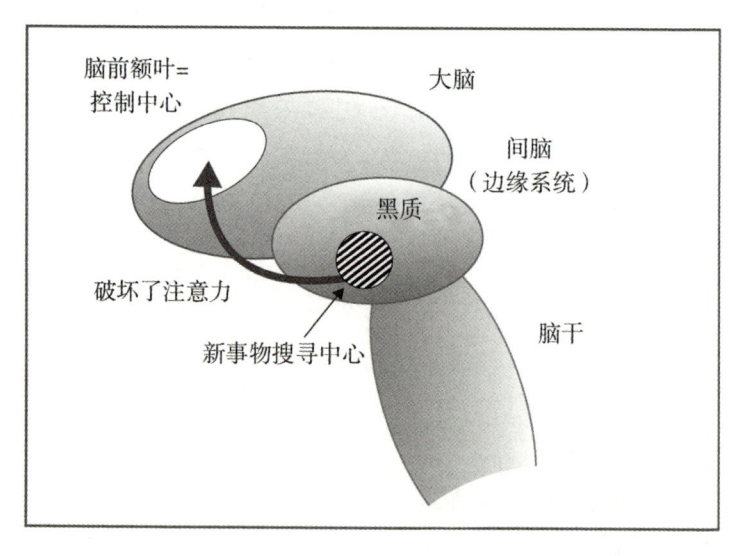

脑前额叶＝
控制中心
大脑
间脑
（边缘系统）
黑质
破坏了注意力
新事物搜寻中心
脑干

我们的大脑拥有一个新事物搜寻中心，也就是所谓的黑质。黑质对于新事物的偏爱和我们的食欲、性欲以及其他一些生存本能同样强烈，有时甚至更强。每一个新的刺激都会导致多巴胺的分泌，促使我们继续寻找新的东西。这样我们就陷入了一个由多巴胺控制的反馈陷阱中，但自己却并没有意识到，而这又恰恰是我们集中注意力所需要的那一片大脑区域（也就是所谓的脑前额叶），它容易被新出现的无关紧要的小事分散注意力：手机铃声、新邮件、网页上弹出的一个窗口或者是一条短信。就像一位坐在前排开车的父亲（脑前额叶），他想集中注意力开车与观察路况，但总是被坐在汽车后座上的儿子（黑质）分散注意力："爸爸，快看！……爸爸，前面那是什么？……爸爸，声音大点！……爸爸，开快点！"这些零零碎碎的小事刺激了大脑中热衷于奖赏的新事物搜寻中心，每次都会导致体内鸦片的小规模爆炸，尤其是多巴胺。毫无疑问，这种感觉非常舒服，所有人都想继续进行下去，但遗憾的是，这会对我们的控制中枢脑前额叶产生不良影响，它希望保持原状，以便之后能够为其保持注意力集中的状态得到奖赏。

> 正是因为大脑中我们需要用来集中注意力的区域被大脑中另外一个区域所阻碍，所以我们的大脑在自我毁灭。

极少数人的确可以同时专注于两件事情，我们在这里也要提一下这些人。多任务处理专家大卫·斯特雷耶（David Strayer）将他们称为"超级工作者"。几年前，斯特雷耶在一次实验中发现了这样一位参与者，他甚至可以一次完成三项任务并且不犯错误,在接下来的实验中,斯特雷耶发现大约有2.5%的被试拥有这种不寻常的能力。但是超级工作者只是非常少见的例外,这种能力多半与基因有关。除此之外,斯特雷耶奉劝人们不要尝试同时处理多个任务,而是应当学习并且多加练习,以便更好地集中注意力,减少分神。如何才能做到这一点,下文将会详细介绍(参见第3章)。

> **古时候关于单任务处理的寓言故事**
>
> 有一次,弟子问老师为什么总是能够保持冷静、从容。老师回答道:
> "如果我坐着,那么我就是坐着的。
> 如果我站着,那么我就是站着的。
> 如果我走路,那么我就是在走路。
> 如果我进食,那么我就是在进食。"
> 弟子打断老师的话,说:"我也是这么做的!除此之外,您还做了些什么呢?"
> 老师从容不迫地将之前说的话重复了一遍:
> "如果我坐着,那么我就是坐着的。
> 如果我站着,那么我就是站着的。
> 如果我走路,那么我就是在走路……"
> 弟子又说:"我也是这么做的啊!"
> "不,"老师说,"当你坐着的时候,你已经站起来了。当你站着的时候,你已经走起来了。当你走路的时候,你已经到达终点了。"

假如你忍不住想要"顺便"做一些事情，请你至少问一下自己：什么是主要的，什么是次要的？熨衣服还是电视里放的电影，开会还是上网，吃饭还是查看邮件，开车还是打电话，和孩子玩耍还是用手机聊天？总有一件事情会变得不重要——并且常常也就被遗忘了！

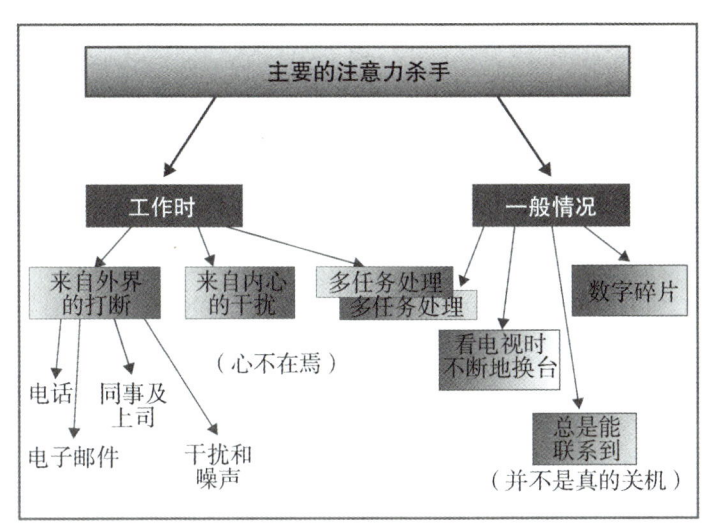

```
                    主要的注意力杀手
              ┌──────────┴──────────┐
            工作时                 一般情况
      ┌──────┼──────┐         ┌──────┴──────┐
   来自外界  来自内心  多任务处理           数字碎片
   的打断    的干扰   多任务处理
    │ │      │                │
   电话 同事及  （心不在焉）    看电视时
       上司                   不断地换台
   电子邮件  干扰和              总是能
            噪声               联系到
                          （并不是真的关机）
```

心不在焉的人

新媒体的大量使用似乎造就了一种新类型的人，他们被称为"心不在焉的人"或者"精神涣散的自我"：这类人做事心不在焉，内心摇摆不定，容易被诱惑牵着鼻子走，他们既无法控制也无法正确地认清这些诱惑。与放松状态下的分神不同，"注意力集中状态下的分神"是一种持久的、系统性的分神，

第1章　为什么专注力如此重要

它会导致心理疾病以及人的碎片化。

心不在焉的人的特点是心智游移，这是指人们注意力不集中的一种状态。意识研究者托马斯·梅青格尔（Thomas Metzinger）认为，只要我们的注意力没有通过某一感官感知与此时此刻紧密相连，或是没有被一个亟待解决的任务所束缚，我们的精神便开始四处游走。根据他的研究，现代人每天有三分之二的时间都不是独立的精神主体，而是"脑袋里塞满乱七八糟的东西，稀里糊涂地过着一天又一天"。因为如果思想不集中的话，我们的大脑便会激活一系列开关回路，使其专注于一些与我们正要做的工作毫无关系的事情。并且我们的注意力越分散，思考就越不深入。我们的思想最容易在工作时开小差，尤其是当大脑感觉工作没有挑战性、要求过低时。心不在焉会导致理解力出现缺口，并且可能会导致职场中注意力的最大浪费。

21世纪新类型的人是心不在焉的人吗？

思考

你的情况又如何呢？你每天大概在走神上浪费了多少时间？

_____ 小时或是 _____ 分钟

你感觉如何？

_____

_____

这种新类型的人注意力很少集中在当下以及此时此刻自身所在的地方，并且很少全神贯注。注意力越分散，人就越不容易意识到正在发生的事情。我们对此时此刻正在发生的事情的直观感受被大幅削弱，频繁地开小差甚至会使我们逐渐丧失认清生活真实情况的能力，这样，人就成了名副其实的"心不在焉"的人。

哲学家马丁·海德格尔（Martin Heidegger）早就提醒过人们要注意一种能力的缺失：即将注意力长时间集中在某一主题上的能力，而这才是我们思维的核心。许多人几乎无法专注、充满兴趣并且聚精会神地与人交谈、聆听一部音乐作品或是完全沉浸在一部书中。专注力研究者认为，人们深入阅读的能力正在逐渐丧失。人们常常在阅读一段时间或者读了几行，有时甚至在读了几页后才意识到自己只是机械地读了一篇文章，实际上却什么都没有看懂——思想不知道又跑到什么地方去了。由刺激所导致的大脑突然运作虽然一开始会提高人们的注意力水平．但在外部刺激的不断攻击之下，我们的注意力会慢慢降低，并会导致注意力缺陷。注意缺陷障碍如今已成为一个社会性问题。

> 心不在焉会造成理解力下降。

同时，人的自我控制能力也在下降。慢性认知超负荷已成为许多现代人生活的标志，有证据表明，它会降低人的自控能力。丹尼尔·戈尔曼（Daniel Goleman）认为："对注意力的要求越高，我们似乎就越无法抵制诱惑。"因此他将工业国家肥胖症的高发归结为当人们注意力分散时，更容易无意识地做出一些事情并且自动选择吃那些高糖、高油的食物。研究表明，那些成功减肥并且保持较轻体重的人在面对高热量的美味佳肴时认知控制能力最好。

思维不断游移似乎并不能使人变得特别开心。哈佛大学的研究表明，人在心不在焉的时候要比集中注意力时更加悲伤，思想开小差的时候，人会情绪低落，感到不悦。我们思考一些并非正在发生的事情时，也为此付出了情绪上的代价。

注意力杀手造成的后果

- 心不在焉，人的碎片化；
- 心智游移；
- 注意力很少集中在当下；
- 专注力缺失；
- 自我控制能力差；
- 对健康造成不良影响；
- 工作能力降低/学习上遇到困难；
- 不满、焦虑。

CONCLUSION

1. 专注是 21 世纪具有决定意义的成功要素。
2. 专注意味着将全部注意力仅仅集中在一件事情上，其反面是分神。
3. 专注能使成绩以及效率提高，因为成绩＝花费的时间 × 专注程度。
4. 在专注的状态下，外部的干扰以及脑海中浮现的杂念都消失了。
5. 集中精力做事可以提升幸福感并充盈内心。
6. 21 世纪初以来，专注力似乎正在逐渐消失。
7. 主要的专注力杀手是数字媒体的离心力、不停被打断以及多任务处理。
8. 大脑无法应付不断增多的信息以及数字媒体的持续诱惑。
9. 我们不停被打断，平均每 11 分钟就被打断一次——罪魁祸首主要是电子邮件、手机短信以及电话。
10. 打断会产生所谓的"锯齿效应"，这对工作效率的影响比大麻更严重，造成的经济损失高达数十亿欧元。
11. 我们已经习惯了越来越频繁地被打断，就像温水中的青蛙逐渐适应了升高的温度一样。是时候清醒过来并采取措施了！
12. 由脑海中浮现的想法、胡思乱想以及白日梦所组成的内在干扰与外在干扰一样有害。
13. 不停被打断的后果有：成绩差，效率低，错误率高，无法实现每日的目标，精神压力以及身体健康问题。

CONCLUSION

14. 多任务处理只是一个幻想，我们的大脑只能将全部注意力集中在一件事情上。

15. 能顺便做的只有下意识就能完成的事情。

16. 尝试同时处理多个任务降低了专注力，会使大脑疲劳，会造成效率低下并且常常会带来危险。

17. 在多任务处理的过程中，大脑在自我毁灭，因为新的信息常常被存储在错误的地方。

18. 现代注意力杀手导致人们心不在焉，即精神不断游移，思维不够集中。

第 2 章
专注力是可创造的

Konzentration:

Wie wir lernen, wieder ganz
bei der Sache zu sein

人们常常会听到这样一句话："现在，专心点！"但并没有人教我们该怎么做到专心。

翻翻专业文献或者文章，我们能很快找到各种各样关于专注是什么的描述。有些描述辞藻华丽，其生动形象让人觉得仿佛是在讲戏剧艺术。它们把专注描述为一种能够控制自己的目光，并将其局限在周围部分环境中，例如小剧场的舞台台口，即那面隐形的、存在于舞台和观众席之间的"第四面墙"。把专注力比喻为"探照灯"的说法放在这里也很合适，我们可以将它想象成一名"尾随者"：演员顺着舞台上长长的台阶走下，探照灯紧随着他，明亮的灯光照在他身上。专注力可以像探照灯一样集中在一件事情、一个目标上，下面我们马上会看到，要做到这一点并不用耗费太多力气。在某些情况下，探照灯甚至会像被施了魔法一样被目标吸引住，只可惜这样的情况并不总是会出现。

让我们先抛开这些比喻，深入地探讨一下专注是什么。在许多年前，我自己也曾经面对过"专注到底是什么"这一问题，如今回想起来，我得承认自己当时对于回答这个问题并没有做好充分的准备。我还算比较成功地摆脱了那个有些尴尬的场面，尽管我的谈话对象是个非常具有批判精神的人，那就是我的女儿，当时她不到十岁。谈话开始的时候并没有什么大事发生,我的女儿当时在磨磨蹭蹭地做家庭作业,先是想让爸爸讲解,然后想让爸爸帮忙,最后想让爸爸(最好)给她把作业做了……后来我无意间冒出那句关键性的话:"专心点!"作为她的监护人,我感觉自己很称职。"好的,爸爸,那心要怎么才能专呢?"好的感觉来得快,去得也快。要怎么做?说我不知道?这当然不是一个好的回答。要是有一个机械装置、一种开关就好了,只需调一下即可转换到"专注"模式。但是我们所有人都知道这样的开关并不存在。

后来我想到了一个回答这个问题的好主意,到今天我依然对此感到庆幸。我拿了一个放大镜和一张纸,用一个小实验来向我女儿展示如何用一束光来使一张纸燃烧(她完全被这个实验吸引住了,全身心地专注于此事)。你在这本书开头就已经知道了这个例子,它展示了分散和集中的光所产生的不同效果,我借助这个例子向她解释,我们可能在哪些不同的意识状态下工作:心不在焉、思想不集中或者是注意力高度集中,以及专注状态可以带来何种效果。

现在,专心点

我们从科学研究中很清楚地了解到了影响大脑注意力水平的东西。19世纪末期的人对此的认识是:注意力当然可以自己形成。一本精彩的书可以让人忘记周围的一切:本以为才过去两小时,结果惊讶地发现已经过去四小时了。当外部刺激或诱惑吸引了我们的注意力时，就会出现这种现象。引人入胜的书籍或是电影，有趣的专业文章或者有魅力的谈话对象，甚至还有危险的乃至生死攸关的时刻——这些都吸引着我们的注意力。在这些情况下，我们除了被吸引之外，其他什么也不用做就能集中注意力，注意力会自己做出反应，因此这也被称为"被动注意"。

可惜这只是一个方面，因为我们每天（必须）面对的大多数东西从感知和注意力心理学的角度来看是不具有吸引力的。类似于纳税申报或者办公室日常工作这种由许多琐事组成的事情虽然不一定会令人反感，但也并非那么吸引人，以至于我们不愿意分神，例如准备一个报告、编撰月报、编辑 Excel 表格，等等，在做这些事情的时候，我们的专注状态很快就会出现问题。如果注意力没有自己做出反应，如果"外部刺激"不够吸引人，我们该怎么做？

集中注意力三步法

主动创造专注的意思就是将注意力集中在某事上，这也正是我要告诉你们的好消息：专注力是可创造的！当然，需要具备以下三个前提条件：

- 明确的任务；
- 任务具有挑战性，但又不会要求过高；
- 避免干扰。

第一步：创造有吸引力的任务

知道自己需要什么，有一个明确的任务和目标：这是创造专注首要、也是最基本的要求。为什么它这么重要呢？

总是有一大堆的东西为获得我们的关注而互相斗争。它们乱哄哄地围绕着我们，就像光源附近的蚊子一样，并且试图确立自己的地位，以便给我们四处游走的精神创造一个目标。在争夺我们"被动注意"的斗争中，它们都想要得到最好的被关注位置。

我们必须主动采取措施来加以应对——我们需要一个目标，它要能像磁铁一样吸引我们的思想和脑力，同时能阻止注意力四处游走寻找其他刺激。也就是说，一个明确的目标所具备的吸引力是指它能使我们的思想（至少暂时性地）对其他刺激变得不敏感，使我们能够较长时间集中注意力。

> 任务越明确，吸引力就越强。

我几乎每天都能在工作中感受到这一点：对于我所要达到的目标是否有明确的认识，会使目标具有不同的吸引力。比如说，我想在某个周三上午进行客户关系维护，那我就会在日历上写道："客户关系维护。"到晚上我常常会发现，自己在这一天中和两位客户打了电话，剩下的时间不知道怎么就过去了，我做了很多事——只可惜这些并不是我想要完成的事情。

如果我在日历上写"9点至10点半：给10位客户打电话"

专注力：如何高效做事

并且把这 10 位客户列在一张表中放在桌子上，那么我在 10 点半左右给 8 位客户打完电话的可能性就很大了。目标越明确、对目标的定位越清楚，其吸引力就越大。这一份附有 10 位客户姓名的表格能让我清楚地了解到我想要完成什么任务，这样，其他的诱惑就很难分散我的注意力，因为图像给大脑留下的印象要比话语或概念强至少十倍。简单来说，图像会引起大脑中蛋白质分子的产生，从而增强我们的脑电波活动。当我们对自己想要完成的事情有着清醒的认识时，它就会像磁铁一样富有吸引力，我们也就会有充沛的精力去完成这件事情。是我们脑中的这些图像决定了我们能做到什么。

第二步：设置任务质量

不要太简单也不要太难：你的大脑会被吸引住的。

专注的第二个前提和任务质量的设定有关。这个前提就像是内燃机一样：内燃机在一定的转数范围内有一个最佳的能量转换效率，也就是说，在消耗最少的情况下输出最大的功率。高于或者低于这个范围都会造成能量转换效率降低，消耗增加。把这一点运用到我们的大脑上，主要有以下两个方面的含义。

- 任务不能太难，否则我们会有太大压力（关于这一点请参见第 4 章）。我们的身体会分泌出更多的肾上腺素，这是一种会阻碍思考的激素。我们会更难应付本来就已经很困难的任务，并且完全不会获得成功的体验，相反，我们会感到沮丧。

这是我们的大脑所不喜欢的，它会去寻找能给它带来更多乐趣的东西——我们的注意力就是这样被分散的！

- 同时，任务也不能太简单，否则也可能会造成注意力的缺失。如果大脑感觉要求过低，那么它不会长时间满足于现状，而是会给自己寻找更有趣的事情，于是我们的精神便开始四处游走（参见第1章中的"心智游移"现象），最后要么找到一个新的、足够刺激的外部诱惑，要么开始做白日梦。相反，如果大脑被完全占用的话，那它就没有闲工夫顾及其他刺激了。

大脑的接受能力对于专注力而言也起着重要的作用。20世纪50年代就有研究表明，在一定时间段内，大脑只能接受和处理有限数量的新信息，接着专注力效率就会出现大幅度的降低。因此，影响专注程度的不仅是任务的难度，还有数量。

思考　**在哪些事情上你因为要求过高而难以集中注意力？**
_____
_____

在哪些事情上你因为要求过低而觉得事情很无聊？
_____
_____

第三步：避免干扰

专注的第三个条件也是对今天的人而言最重要的条件：尽可能排除所有的干扰以及会导致我们分神的刺激，不仅是外部的（通信工具和同事，我在这里只列举出了最重要的），还有内部的（担忧、害怕、白日梦），当然也并非从根本上永久性地排除，只是一段时间而已。这样做的好处是，我们不会束手无策地任由干扰摆布。我们常常可以用相对简单的方式来应对这些干扰，在很多情况下这种能力是可以训练的。关于这点的详细内容，请阅读下一章。

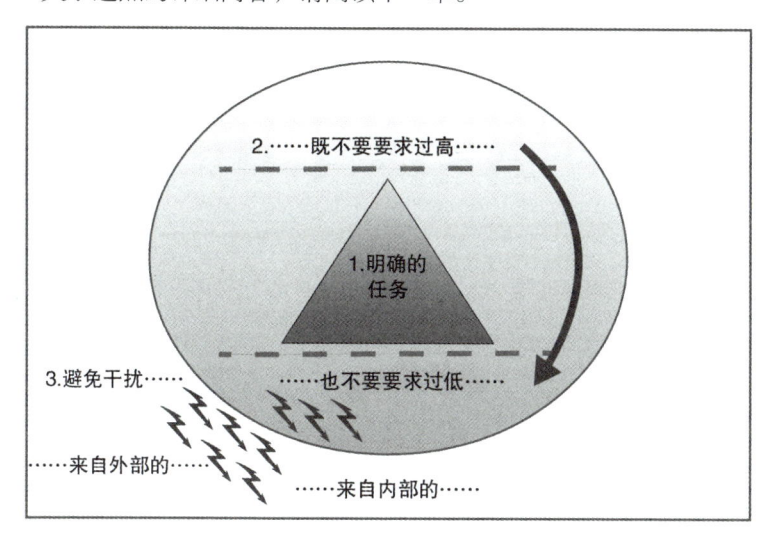

```
         2.……既不要要求过高……
              ┌─────┐
              │1.明确的│
              │ 任务 │
              └─────┘
3.避免干扰……   ……也不要要求过低……

……来自外部的……   ……来自内部的……
```

补充

除此之外还有一个重要的前提：保持专注并加以练习，我们其实只需不断创造集中注意力的时段即可。因为这一机制似乎也会反向运行：经常集中注意力的人慢慢地反倒会更容易变得注意力不集中。想知道如何才能有规律地训练你的专注力，请阅读第 5 章。

CONCLUSION

1. 人们常常会听到这样一句话："现在，专心点！"但并没有人教我们该怎么做。
2. 如果能满足以下三个条件，那我们就能集中注意力：（1）有一个明确的任务；（2）任务既不能要求过高，也不能要求过低；（3）避免干扰。
3. 任务越明确，对注意力的吸引就越大。
4. 如果一项任务太难，那么我们就会走神；如果任务太简单，那么我们的大脑就会寻找更有趣的东西。

第 3 章

练就伟大的本领：避免干扰

Konzentration:

Wie wir lernen, wieder ganz bei der Sache zu sein

注意力会被两类干扰破坏：外部的和内部的。

是什么在吸引我们注意

现代心理学中有一个令人印象最为深刻、同时结果也最出人意料的实验：大约 50 名学生在大教室里观看一部短片，短片中有 6 名运动员互相扔篮球，其中一支队伍穿白色 T 恤衫，另一支队伍穿黑色 T 恤衫。参加实验的一半学生负责数白衣服的队扔了多少次球，另一半学生负责数黑衣服的队扔了多少次球。比赛开始了，学生也开始数数。在影片大约 30 秒的时候，有一个人穿着大猩猩的服装横穿过比赛画面的中央，并仿照大猩猩的样子用拳头捶打自己的胸口，随后又从画面中消失，之后影片就结束了。学生们被问到其负责的队伍共扔了多少次球，大多数人都说出了正确的数字，但是，几乎没有人注意到那只大猩猩！他们甚至觉得关于猩猩的问题是有意捉弄，因而表现得很疑惑，直到他们再一次观看影片，才非常惊讶地看到了那只大猩猩。

这个实验是阐明"选择性注意"现象最经典的实验之一，实验者是美国心理学家丹尼尔·西蒙斯（Daniel Simons）和克里斯托弗·查布利斯（Christopher Chabris）。实验表明，当我们真正专注在某件事情上时，我们的注意力就会忽略与该任务无关的所有事情（顺便说一句，在 YouTube 上输入"Simons, Chabris, Gorilla"就能找到这个短片）。

在另一个类似的实验中，一位装作不熟悉路的人拿着一张市区图向行人问路，当行人热心地指路时，有两位工匠搬着一扇门从他们中间穿过，门遮挡住那个拿地图的男人时，他迅速退开，另一个男人取而代之，站在他之前的位置上，然而，大多数受访的行人都没有注意到这一变化。也就是说：我们注意力的焦点就像是有意识的守门人一样，它决定了哪些信息能进入我们的意识中，哪些将被关在门外（也就是被忽视）。这首先给我们带来了一个好消息：当你真正集中注意力在一项任务上并且完全沉浸其中时，你的大脑会无视几乎所有的干扰，你也不会走神！

因此，有人能在吵闹的咖啡厅或是充满噪声的大办公室里全神贯注地在电脑上写文章，同时无视所有干扰工作的诱惑。这根本不足为奇，他所有与注意力、专注、解决问题有关的神经系统都保持步调一致。最理想的情况是能产生心流。简而言之一句话：任务的吸引力越强，人的抗干扰能力就越强。

思考 在做哪些事情时，你曾经感受到你的注意力非常集中，以至于忽视了几乎所有的噪声和干扰因素？

_____

_____

_____

52　专注力：如何高效做事

为了进入专注的状态，尤其是在刚开始注意力还没有集中到工作上时，我们必须尽可能避免所有的干扰。接着我们应当注意自己不要脱离专注的状态，尤其是不要被打断。

外部和内部干扰

我们的注意力会被两类干扰破坏：外部的和内部的。外部的干扰很明显，其数量在近几年中呈现指数式增长。不过内部的干扰因素更危险，因为大多数人都不了解它们。这些干扰同样会分散我们的注意力，让我们放下手头的工作并且影响我们的工作效率。

思考 你不断受到哪些干扰？

外部的	内部的
_____	_____
_____	_____
_____	_____
_____	_____

外部攻击

工作中的外部干扰包括周围环境中的噪声以及分散我们注意力的事情，尤其是电话、电子邮件以及打断我们工作的同事（我在第1章中已经介绍了打断会严重损害注意力）。打断是现代职场生活中注意力的头号杀手。

我们的大脑基本上能听见和看见所有的东西，并且它会将所有东西进行比较。一旦周围环境中有些东西发生了变化，我们的注意力便会转移到那上面去，并且立即将其归类为"有趣"或是"无聊"，"危险"或是"无害"。如果某一刺激持续了较长一段时间，尤其是当它无趣并且无害的时候，我们的大脑就会习惯它。因此，办公室以及公共场合的干扰噪声以及一般的噪声很快就会被忽略。尽管如此，如果可能的话，你最好还是去安静的环境里工作，这样大脑就更容易集中，因为屏蔽干扰也会消耗大脑的精力，时间一长会导致大脑疲劳。

而周围环境中分散我们注意力的东西就不一定是无害的了，尤其是杂乱地堆放在办公桌上、与手头工作毫无关系的东西，当任务因为显得太简单或是太难而导致其原本的吸引力下降时，这些东西就有可能会变成本身拥有吸引力的刺激（参见第2章）。如果我们目前在撰写的诉讼辩护书或正在跟进的项目没有取得进展的话，那么我们的目光就会落到一张未拨打电话的清单、一堆信件、一本度假手册或是另一份文件上——我们的注意力开始集中在这些东西上，思想开始转移，注意力开始被分散，过了一段时间后我们才清醒过来，重新回到原来的工作上。所以，请你尽可能将办公桌清空，将所有与项目无关、可能分散你注意力的东西都移出视线范围。眼不见心不烦！如果你有合理的待办事项表，那么这些事情是不会停滞不前的。

最关键的是，你要确保自己不被打断，因为打断是注意力的头号敌人。如果你的手机处于开机状态，那么对一些人而言，它就像"随时驰援的信号"，或者是像随时可能开始哭闹着向母亲求助的孩子。时间一长，这会导致我们精神焦虑。因此，请你将手机关闭一段时间！请你为集中注意力工作创造时间上的保护区，建立时间孤岛以便可以不受干扰地工作。不受打扰和与外界隔离（即便只是暂时的）是现代人面临的两大挑战，是逃离那个让我们（纯粹条件反射地）跑个不停的仓鼠轮的方法。在几乎所有职业中，关闭手机一到两小时都是可以实现的。我们要做的是：

- 关闭手机，必要时设置呼叫转移；
- 不收邮件，不看邮箱；
- 借助一些明显的标志防止同事打断自己的工作，比如在门上贴一块红色贴纸，代表"暂时请勿打扰——除非在紧急情况下"（绿色的贴纸则表示"欢迎进入！"）。

如今，一些软件和应用程序在此方面也为我们提供了帮助，因为除了电话之外，电脑屏幕也是各种分散注意力的干扰和打断的重要突破口：覆盖页面的弹窗、突然出现的广告、想将人们吸引到其他页面的链接、收到新邮件的提示音，等等。借助一些应用程序例如 Self-Control 或者 Freedom，我们可以让电脑在一段时间内断网（其他的建议你可以在这本书的最后找到）。例如英国的作家扎迪·史密斯（Zadie Smith）在她的小说《西北》(*London NW*) 中就不仅感谢她的朋友们，还感谢了 Self-Control 和 Freedom 两个软件为她创造了时间，这或许正代表了这个时代我们所面临的困境。

通常情况下，每两小时检查一下邮箱就可以了，大多数时候每天处理两次邮件或许就足够了（在过去，邮递员也不会频繁检查邮箱）。

米夏埃尔·迈尔（Michael Meier）是我的老朋友，他是一名成功的律师，在慕尼黑一家著名律师事务所工作。他每天早上大约9点钟走进办公室，但是10点钟之后别人才能联系到他，在这期间，他的手机处于飞行模式，电话转接到秘书那儿，邮箱尚未打开。12点半至14点这段午休时间里也是如此：如果有人12点31分给迈尔先生打电话，那么他的秘书会亲切地告诉那人，迈尔先生正在午休，如果对方继续询问，秘书还会补充说午休14点结束。每天都是如此。

工作间隙，迈尔会有半小时的休息时间：他会吃全麦面包和水果补充下能量，会在公园里散散步。接着他会在不受干扰的情况下口授诉讼辩护书，此时的他注意力高度集中，进入了心流状态。有一次我也在他旁边——我很少听到有人口授得如此之快、如此流利，几乎是出口成章。17点至18点时间段他也同样如此工作。他既没有因此惹恼或失去任何一位委托人，因为这些人很快就知道在哪些时间段能联系到迈尔先生。迈尔也是这个大型律师事务所里唯一一位每天18点至 19 点之间下班，并且周末也几乎从不加班的律师，但他却是所有合伙人当中挣钱最多的。这一点并不奇怪：因为他每周至少有 15 个小时是在高度集中注意力的状态下工作的！

这正是所谓"不受干扰的时间孤岛"这一想法在实践中的运用，或者你愿意的话，也可以将其称为"注意力孤岛"。你每天是否能不受干扰、高度专注地工作三小时，这并不是最重要的，每天一小时就已经能够产生很大效果。如果这么做能让你看到工作效率会得到多么大的提升、会让你感到多么舒适、多么有成就感的话，那你可能就会找到独创性的途径扩建时间孤岛，并且通过这种方式与汪洋大海般的打断和干扰争夺领地！

> 设置不被打扰的时间孤岛。

慕尼黑心理学家卡尔·波佩尔（Karl Pöppel）认为："每个人每天必须有一个小时的时间'做他不得不做的事情'，不被任何事物分散注意力——请你设想一下，如果一家公司甚至整个国家的人在 11 点至 12 点间都不互相联系的话会怎么样？如果每天有一个小时不受邮件、手机的干扰，那么我们很可能会获得本国最大的、难以想象的创造推动力。"太异想天开？或许吧，但这至少是一个具有启发性的愿景，能鼓励我们时不时地与外界脱离一下。有些企业已经出台了规章制度，规定员工每小时只能查看并回复一次邮件。

内心破坏

为什么我们在工作的时候会自我破坏呢？这是不明智的、有害的，还会导致不良后果。尽管如此，我们依然在这么做！西格丽德·诺伊德克尔（Sigrid Neudecker）写道："不可思议的是，大脑会自己走神。"让大脑分神的通常是内心出现的具有感情色彩的信号，是我们波澜起伏的生活中精神的胡言乱语：想到失败或是最近经历过的波折、资金方面的担忧、与伴侣或是孩子之间的问题、与同事发生的争吵、即将到来的假期或是其他的胡思乱想，这些杂念很容易就占据上风，并且徘徊在我们的脑海里挥之不去。胡思乱想和担忧会很快将我们原本要做的任务排挤出去——注意力也就被分散了！

> 胡思乱想、担忧和做白日梦——常见的内心破坏者。

专注要求我们具备对付这些（情绪上）分散注意力的事情的能力。我们无法阻止它们的出现，但我们至少可以把它们暂时抛在一边。

使得内心这些声音沉默的有效手段有以下几点。

- 将未完成的事情立即写下来（比如"给电工打电话"）。这种做法会让大脑认为这件事已经暂时处理过，这样就能回到手头的工作上来了。
- 短暂中断工作，将注意力从对未来和过去的胡思乱想转到当下。请你花几分钟时间,闭上双眼,将注意力集中在脚上,感受脚下的地面,接着缓慢向上感知你的身体直至手臂,关注呼吸,接着睁开双眼,有意识地往四周看一圈,将目光转向你眼前的任务,然后继续工作。什么时候你感觉自己又分神了,就再次将注意力集中到自己的身体和呼吸上。这同时也是训练专注力的方法之一(更多内容见第6章)。

- 完成简单的注意力练习。丹尼尔·戈尔曼曾推荐过一个方法:从100开始每次减7。如果能专注在这个练习上的话,那么内心的干扰因素就会消失得无影无踪。

你要做的是转移你的注意力,就像给孩子一个可供玩耍的玩具,让他们停止哭闹一样。"眼不见,心不烦"这句话放在这里同样适用。

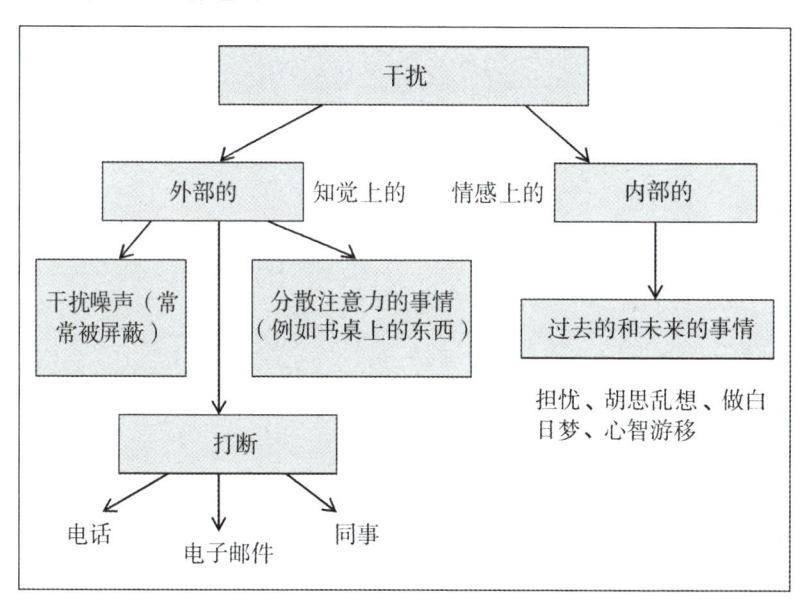

```
                    干扰
         ┌───────────┼───────────┐
       外部的      知觉上的  情感上的  内部的
     ┌───┴───┐                        │
  干扰噪声(常  分散注意力的事情        过去的和未来的事情
  常被屏蔽)   (例如书桌上的东西)
                                    担忧、胡思乱想、做白
         └────┬────┘                 日梦、心智游移
            打断
       ┌─────┼─────┐
      电话  电子邮件 同事
```

第3章 练就伟大的本领:避免干扰

CONCLUSION

1. 最重要的就是避免干扰——不管是外在的还是内在的。
2. 在专注状态下，许多干扰都会被屏蔽。
3. 保护自己以免被打断：关闭手机！不查看邮件！关上门！创造不受干扰的时间孤岛！
4. 注意内心的破坏者：胡思乱想、担忧、做白日梦。将未完成的工作写下来，稍后再做！

第4章
如何在压力下集中注意力

Konzentration:
Wie wir lernen, wieder ganz bei der Sache zu sein

压力越大,肾上腺素分泌越多,集中注意力就越困难。

早上七点半——早高峰时间，公路上出现一个平缓的左拐弯。你按照规定以100公里/小时的速度行驶，这时一辆载重汽车向你迎面驶来，后面还跟着长长一排小汽车。载重汽车开得很慢，后面的车辆也不得不缓慢行驶。有一位驾驶员觉得速度太慢，于是决定超车，并且坚信对面没有车辆驶来——他想错了，因为你正行驶在他认为不会有车的地方。你猛然意识到危险即将发生，将车辆猛转向最右侧车道边缘，车子摇晃着停下，同时你冷静地用车灯提醒载重汽车向右边靠。超车的车辆从你的车和载重汽车之间钻了过去，后视镜几乎碰在一起——非常惊险，但幸好没有发生什么事故。

这时你才意识到自己的脉搏剧烈跳动，呼吸急促，额头上冒出了汗珠，你颤抖着，又开了几公里才恢复平静。你心想，真悬，但是你的反应是无可挑剔的：在几分之一秒的时间里你看到了那辆斜穿出来的车辆，快速地、不假思索地做出了正确的决定，那时的你聚精会神，心无旁骛——用一句话来形容：精神高度集中！

事实上，在这种情形下，我们得感谢生活赋予我们的精神高度集中采取行动的能力。我们不必为此做什么，这样的

第4章　如何在压力下集中注意力

行为是条件反射式的。在危急时刻,在高度紧张的时候,或者像如今许多人常说的那样——在巨大的压力之下,我们的注意力集中程度最高。

肾上腺素及其效果

但是注意力从何而来呢?为了更好地理解这个问题,我们首先必须弄清楚在紧张状态以及危险情形下,我们的身体到底发生了什么变化。

1. 周围环境中的所有诱惑(主要是那些我们认为危险或是给我们造成负担的诱惑)首先并不是由大脑(它使我们成为理性的生物)进行理性的处理,而是由我们的间脑进行感性的处理,那里是情感反应发生的地方。我们不会先停下来分析形势,而是会立即采取行动。我们不假思索地就行动起来了——全凭直觉。

2. 我们的脑干会接收到信号:危险!针对这个信号,脑干也有一套"标准操作流程":分泌肾上腺素。这种激素让我们能够进行自我防卫或是逃跑。它加速脉搏的跳动,使得肌肉供血更充足,调动糖类以及储备脂肪,它让我们变得更快、更容易做出反应。

3. 但是体内过量的肾上腺素也会阻碍思考,并且如果超过了某一临界值的话,我们的大脑就会被完全封锁。一旦能让我们做出理性反应的中心被关闭,我们就会变成情绪冲动的尼安德特人[1]！一些在尼安德特人身上或是在前面提到过的危急情况中的或许很重要的东西，例如快速的反应、高度集中的注意力，放在日常生活中则可能带来负面影响。

在人类进化史中，有一种生存机制是在攻击或是危险情形下高度集中精神。缩小视野专注在一个目标上，同时肾上腺素对身体产生影响，这些可以防止石器时代的人在受到棕熊攻击时思考过多——最好赶快逃跑，或是用矛扎死棕熊。战斗或逃跑反应在过去（在现在也同样如此）是生命的保障，我们是在用一种预警机制对外界的刺激做出反应。

当然，这一预警机制在今天失去了它的意义，对我们来说甚至会是不利的。外界的刺激依然像以前一样不断向我们袭来（甚至变得越来越多），身体依然通过分泌肾上腺素做出反应，只不过我们现在大多数时候面对的并非有生命危险的情形，而是"很平常的日常生活"。但是效果依然不变：过量的肾上腺素会阻碍我们思考。我们在紧张状态下虽然能集中注意力，但这只是专注的一种有限形式，它只是对危险的一种单纯反应，其目的仅仅是生存。在这种状态下思考本就不易，再加上肾上腺素的分泌，我们的思维过程可能会被阻断。假如肾上腺素的分泌水平超过了临界值，它就会阻碍大脑中突触之间的信息传递。

---

[1] 尼安德特人（Homo neanderthalensis），简称尼人，常作为人类进化史中间阶段的代表性居群的通称。因其化石发现于德国尼安德特山谷而得名。——译者注

第4章 如何在压力下集中注意力

就像一个逐渐积满水垢、出水量越来越小的淋浴头一样，最终只能流出一点点水滴到我们身上。突触之间依然传递着的神经冲动已经不足以让思维保持清晰，我们很难集中注意力做完工作、谨慎处事或寻找解决方案。我们的大脑尝试减少思考的难度，为此，它会为我们寻找简单的任务，但这恰恰与专注背道而驰。

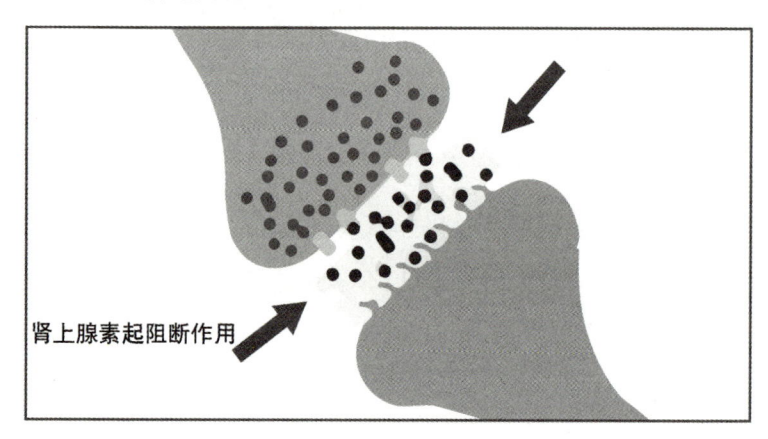

肾上腺素起阻断作用

换句话说：虽然在紧张的状态下人们能集中注意力——但这并非专注工作所需要的。

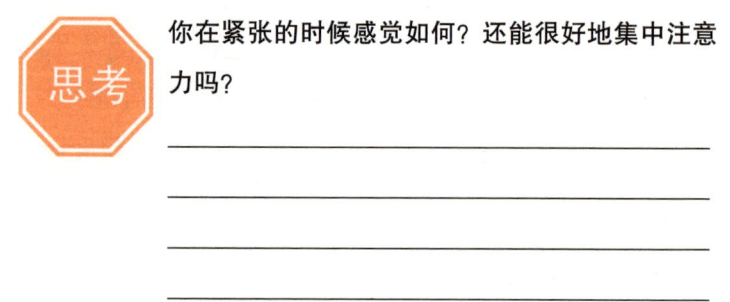

思考 你在紧张的时候感觉如何？还能很好地集中注意力吗？

_____

_____

_____

_____

错误的波长

在紧张状态下，还有一个因素会对专注力产生负面影响：简单来说，我们的大脑有不同的工作频率。在熟睡状态下，脑电波频率在 0.5~3 赫兹之间，在高度放松的状态下为 3.5~7 赫兹。当我们充分休息并处于放松状态时，这一数值在 8~14 赫兹之间，这也是集中注意力的最佳频率范围。然而日常生活中则是以处于 15~45 赫兹间的 β 波为主。通常情况下，脑电波频率在 20~22 赫兹之间。但是工作给我们造成的压力越大，对我们的要求越多，频率就越高。遗憾的是，频率越高，我们的工作能力以及专注力就越差。

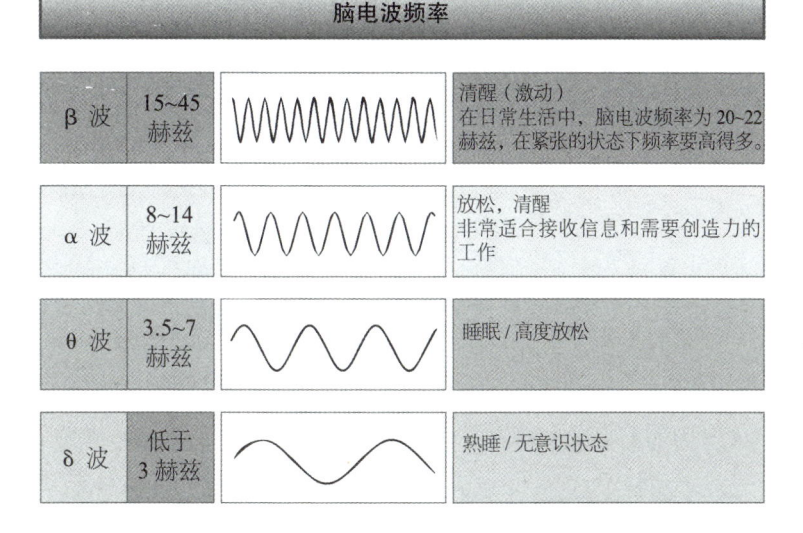

脑电波频率			
β 波	15~45 赫兹	〰〰〰	清醒（激动） 在日常生活中，脑电波频率为 20~22 赫兹，在紧张的状态下频率要高得多。
α 波	8~14 赫兹	〰〰	放松，清醒 非常适合接收信息和需要创造力的工作
θ 波	3.5~7 赫兹	～～	睡眠 / 高度放松
δ 波	低于 3 赫兹	～	熟睡 / 无意识状态

第 4 章 如何在压力下集中注意力

缓解压力

压力和注意力是水火不相容的。利于人们集中注意力的最理想方法便是将生活中所有会造成我们身心紧张的因素一一排除。这在有些事情上是行得通的，例如，如果经常由于时间压力而陷入紧张状态，那么可以设立缓冲时间；如果在工作上遇到困难，那么可以及时寻求帮助。不过，即使可以通过这种方式排除一些压力因素，或者至少使压力得以缓解，依然还有许多令我们无能为力的因素。为了实现促进注意力集中的压力管理，我们主要可以从以下三点着手。

减少肾上腺素分泌

由压力所导致的肾上腺素分泌对于集中注意力是有害的，同时会妨碍思考。我们要做的是降低肾上腺素的分泌水平，进行体育锻炼或者其他形式的肢体运动是非常有效的方式。肾上腺素是用于战斗或逃跑的激素，它在危险状况下会释放出过多的能量。因此，释放这些堆积的能量并以此降低肾上腺素分泌水平就很重要。慢跑、健身、打网球或者进行任何一项体育运动都能帮你消耗压力激素，缓解紧张情绪。造成压力的因素依然存在，我们无法从根源处将其摆脱，但至少可以缓解压力症状，更好地掌控局势，更清晰、专注地思考。该方法的好处是容易实施，并且还可以顺便为身体健康做点事

> 长期有规律地进行运动会提高专注力。

情。定期使用此方法，你就可以将压力激素的分泌保持在较低水平，还可以更好地应对暂时的紧张并持久地提高专注力。

产生 α 波

紧张状态下的脑电波频率是不利于集中注意力的。减少压力荷尔蒙肾上腺素的分泌可以让人平静下来，并将大脑切换到另外一个模式。我们也可以通过人工的方式使有助于集中注意力的 α 波快速产生。因为我们的大脑是通过创造一定的波形来对外界刺激做出反应的，所以你可以借助相应的音乐作品在大脑中创造出 α 波。以下列出的音乐作品经证实非常有利于大脑中 α 波的产生，当大脑频率处于 α 波时，你会特别放松、更易接收新信息并且能够集中注意力。如果古典音乐不符合你的品位的话，你还可以选择其他专为放松创作的音乐作品。

有利于大脑中 α 波产生的音乐作品

1. 约翰·塞巴斯蒂安·巴赫（Johann Sebastian Bach）：《哥德堡变奏曲》(咏叹调)或者《D 大调第三管弦组曲》(咏叹调)
2. 乔治·弗里德里希·亨德尔（George Friedrich Handel）：《D 大调第三协奏曲》的广板（焰火音乐）
3. 安东尼奥·维瓦尔第（Antonio Vivaldi）：《四季》
4. 米夏埃尔·朗鲁埃（Michael Ramjoué）：《沙漠之梦》
5. 桑德兰（Sandelan）：《寂静》

以及所有巴洛克时期的广板和柔板音乐，还有现代音乐中的许多作品。你也可以听取音乐专家的建议。

如果你觉得这种类型的放松音乐适合你的话，那么你可以在工作的时候偶尔听听这些作品，将音量调到能听得见就行，这样你就可以从持续的 α 波感应中受益（前提条件是，你的工作环境允许你这么做）。这种方式也被称为背景式"声音地毯"。你可能会发现自己工作时变得非常专注、高效。请你试试看这种集中注意力的技巧是否适合你。

一分钟放松法

最后，我还要讲一种方法。我在学习班上介绍这个方法时，学员们常常会感到很惊讶。它非常简单并且很特别，以至于人们不会将它与专注这个话题联系起来。但正如许多非常简单的东西一样，它很有效。这个方法到底是什么呢？就是微笑！这背后又有什么秘密呢？

在大笑或微笑时，你会通过调动笑肌向大脑发送信号，大脑会感知到你心情很好，这样你的体内就会产生内啡肽。体内含有的内啡肽（也被称作"快乐激素"）越多，你就会越高兴。这种幸福感会影响激素分泌：体内现有的肾上腺素会慢慢减少，最终甚至会被抵消。

无所谓是发自内心的笑还是假笑，因为我们的大脑也会被"假笑"欺骗。只需一分钟时间，你就能明显改善自己的心情。如果你不是单独一个人并且担心别人可能对你奇怪的表情产生误解，那么你最好找个地方躲起来，必要时可以躲到厕所里。一分钟之后你的心情就会有明显改善，更重要的是，你的大脑可以更好、更专注地工作，因为它摆脱了肾上腺素的阻碍。微笑有利于集中注意力——我们所有人都应当笑口常开！☺

思考 **请你现在就尝试一下。**
花一分钟的时间，最好站在镜子前，并且"强迫"自己微笑（请你坚持60秒，尽管可能会显得有些不自然），注意微笑之后的感受。

CONCLUSION

1. 压力会导致肾上腺素的分泌，过多的肾上腺素会阻碍人们的思维能力，妨碍人们专注地工作。
2. 压力越大，脑电波的频率就越高，我们就越难集中注意力。
3. 运动有利于减少体内的肾上腺素，并持续提高专注力。
4. 适当的音乐作品会在大脑中创造出 α 波（7~14赫兹之间），会提高创造力和注意力。
5. 一分钟微笑（即使是假笑）所产生的内啡肽可以中和肾上腺素并让人感到放松。

第 5 章
如何获得持久的专注力

Konzentration:

Wie wir lernen, wieder ganz bei der Sache zu sein

让专注的状态一直陪伴着我们，集中注意力的积极作用才能真正得以发挥。

到现在为止，我们已经了解到：（1）注意力常常无法自己集中，但是（2）我们可以创造专注的状态，或者至少创造有利于注意力集中的条件，关键是（3）我们不仅要时不时地创造专注的状态，还要让它一直陪伴着我们，尤其是在工作中。私人的事情也要如此，因为只有这样，集中注意力的积极作用才能真正得以发挥。

人们常听星级大厨说这样一句话：获得第一颗星固然困难，不过要保住这颗星才是更大的挑战。取得一次重要的成就虽然很费力也很有挑战性，但很多厨师都能做到，而要长久地保持高水平——才是真本事。

注意力也与之类似：我们专注做事的频率越高，大脑就越容易进入专注的状态，我们也就越容易长时间聚精会神地做一件事情而不走神。因为说到底，"人生贵在坚持"。这句耳熟能详的话来自诺贝尔奖获得者詹姆斯·赫克曼（James Heckman）。这位经济学家常年对学生和年轻人进行研究，他想要找出对于我们在人生中取得成功具有决定意义的因素。他认为，不仅智力和知识起着重要作用（拥有这两个因素当然不是坏事），最主要的是还要坚持做一件事情，不被挫折打倒，要在别人放弃的时候展现出自己不屈不挠的精神。

棉花糖和胡萝卜

赫克曼的观点并非很新颖。在 20 世纪 70 年代，心理学家沃尔特·米歇尔（Walter Mischel）曾邀请一群特殊的被试来到斯坦福大学：一群四岁的儿童。这个实验被载入了科学史，名为"棉花糖实验"——直到现在这个实验仍具有现实意义。实验设计非常简单：只需要一名儿童和两个棉花糖就够了。米歇尔给这名儿童看一个棉花糖，并提供两种方案供他选择：

- 方案 1：拿走棉花糖并且吃完……实验结束；
- 方案 2：先不要碰这个棉花糖，而是静静地等待，实验人员会离开一会儿（大约 15 分钟），假如他回来的时候棉花糖还在，那么这名儿童将会获得第二个棉花糖作为奖励。

接着，孩子们挨个参加实验。在他们等待的房间里没有什么能分散他们注意力的东西——没有玩具，没有电视，只有一张桌子，一把椅子，一名儿童和一个棉花糖。三分之一的儿童禁不住诱惑，立即吃完了棉花糖；还有三分之一的儿童等待的时间稍长，但最后还是吃掉了棉花糖。剩下的三分之一坚持了 15 分钟没有吃，而这三分之一的儿童恰好就是米歇尔最为感兴趣的那部分人，他想知道这些孩子是怎

> 专注力不是自发的，必须要克服自己才行。

样做到长时间经受住如此大的诱惑的。最终，他通过对众多儿童的观察得出结论：这和意志力有关，即有意识地将注意力集中在某一事物上并且坚持下去不分神。那些坚持了15分钟的儿童有意识地将注意力从棉花糖上移开，尽管房间里基本上没什么东西，他们还是不去看那个棉花糖。这些儿童通过唱歌或是闭上眼睛来分散注意力。就因为他们能坚持这个方法较长一段时间，最后他们实现了目标：得到第二个棉花糖。

当然，成年人在生活中要面对的并不是糖果，不过对于这些四岁儿童而言具有决定意义的方法，对我们以及我们的专注力同样起着很大的作用：我们必须通过有意识地将注意力完全引到某一事物上来强迫自己集中注意力，尤其是在刚开始的时候。而在大多数情况下，这都需要一定的克制力。

思考 你的情况如何？你的棉花糖是什么？
_____
_____
_____

如果我们有希望快速取得积极的结果，那么我们常常可以很好地克制自己并且坚持下去。如果奖励已经近在眼前，我们也可以熬过一段短暂的艰难时期。因此，（较为快速的）奖赏机制成为"说服"自己和他人坚持做一件事情最常用的方法之一。当然，我们可以用酬劳、奖金、红利、升职、赞扬、表彰、恭维和爱抚等来达到长时间激励的效果，但是这种方法存在的问题也很快显现出来：奖励多少才合适？

美国著名的激励心理学家弗雷德里克·赫茨伯格（Frederick Herzberg）借助一张可爱的驴的照片，在以他的名字命名的"赫茨伯格模型"中描述了这种进退两难的境地。最初的问题是："怎样才能使驴跑起来？"一个可能的方法是让它看到可能获得奖赏的希望。在这种情况下，奖赏便是放在驴鼻子前面的胡萝卜。这头驴动起来，跑了一段路——必须让它能吃到胡萝卜，它才不会太沮丧，为了使这头驴接着跑下去，我们就需要一根新的胡萝卜。也就是说，我们面临的是一个经济学上的问题：奔跑的动力持续多长时间，取决于我们拥有多少胡萝卜。

可惜人并不像驴那样简单（尽管驴是很聪明的动物）：

> 用酬劳和压力来激励是无法长久的。

人不会一直满足于胡萝卜。想用酬劳使人坚持做一件事，就必须不断提高酬劳数额，因为我们很快就会习惯于已获得的东西，而这种习惯是与酬劳对我们的激励作用相反的。这种做法不仅难以持久，长久来看也是很昂贵的。

再回到驴的例子上来，还有另外一个能让驴跑起来的办法，这也是赫茨伯格发现的：踢驴的屁股一脚（kick in the ass，K.I.T.A.）。运用到人类的激励心理学上，这种方法代表着压力、威胁、惩罚、制裁、斥责、批评、制造内疚感，等等。

就像刚才运用胡萝卜来达到激励效果的方法一样，这种方法也常被使用，它在一定程度上是行得通的，但是也面临同样的问题：压力持续多久，激励的效果也就持续多久；如果压力减少的话，激励的效果也会下降。

对于我们的专注力而言，"压力"这一激励方法还有另外一个重大的缺陷：虽然一定程度上的压力，例如一个确定的交付时间，是必要的也是有益的，可以让我们坚持完成一项任务，但如果压力过大的话，可能会适得其反。如果有人尝试通过施压或者以制裁相威胁，让自己或别人坚持做一件事情，那么当事人大脑中产生害怕和心理冲突的地方就会被激活，这会导致我们的注意力中心（即脑前额叶）的正常运转受到阻碍，大脑会因此陷入一种很难集中注意力的运转模式，而害怕又进一步造成我们"内心的分神"——这恰恰是应当避免的。如果人们在太大的压力下工作，那么就会陷入紧张状态，从而导致肾上腺素分泌，在这种状态下，我们的大脑会寻找逃离这一危机的方法，从而无法专注在导致压力的事情上（参见第4章）。仅仅通过制造压力来集中注意力必然会导致注意力分散！

思考 你的情况如何？你如何激励自己？什么能够帮助你更好地坚持做一件事情？

- 压力：_____%
- 奖赏：_____%

心流与多巴胺

什么驱使着我们？我们如何才能做到长时间坚持做一件事而不分神，并且进入心流状态呢？

对有些职业群体而言，高度并且长时间集中注意力的状态在一定程度上是工作成功的基本条件，其中就包括外科医生。典型的准备工作——穿上手术服、洗手并消毒、戴上帽子和口罩，这些已经表明，手术需要人们充满仪式感地从日常世界中撤离，逐步进入一个没有干扰和分散注意力事物的世界。外科医生一旦进入手术室，那么他的视野就局限在一块一目了然的、被灯光照亮的区域，其他地方都被遮住了，任何事情都不会让医生的注意力离开最主要的东西——即病人和他交给医生的任务。医生在接下来的时间里几乎不可能吃东西或喝水，查看邮件或者和同事聊天也得留在手术结束后，同样，他也不能预订下周的戏票或是计划下一次的短途旅行，他很有可能根本不会浪费一丁点时间在思考这些事情上，因为工作占据了他全部的注意力。他进入了一种被激励心理学家称为心流的状态。

心流状态的特征是什么？美国教授米哈里·契克森米哈（Mihály Csíkszentmihályi）对这个问题进行过深入的研究，他探究了在什么样的条件下，人们才能像外科医生那样高度专注并

> 我们如何才能进入心流状态？

专注力：如何高效做事

有动力去完成一项任务。这种状态主要和以下两个因素有关：

- 我们面对的任务；
- 我们自身的能力。

而起决定作用的是这两个因素之间的关系。共有以下三种可能。

1. 我们的能力很强，但具体的任务却向我们提出了较低的要求。

这是典型的情形，在这种情形下，人会感到无聊，而这种无聊对于任何一种专注的工作而言都是有害的。因为在无聊的状态下，我们的大脑会寻找新的、有趣的刺激——它开始搜索周边环境，并且不断检查是否有更吸引人的任务在等着我们。于是，我们开始上网、做白日梦以及完成不重要却很费时间的任务，并容易被干扰和分散注意力。简而言之，我们很忙，但一点也不专注。在这样的一天结束后，我们会觉得劳累、疲惫，不是因为无所事事，而是因为我们干活的方式：注意力分散、从一个刺激转向另外一个刺激、频繁切换电视频道以及处理多项任务。

2. 相反的情况也是有可能的：任务难度很大，但是相比之下我们的能力不足。

这会导致压力的产生和肾上腺素的分泌，就像第 4 章里描述的那样，这对于注意力而言是不利的。我们的大脑会尝试绕开这一挑战，大脑不能提供所需的能量，我们无法将注意力集中在自己无法胜任的任务上。

由此我们得出一个明确的中间结论：如果我们面对的任务与我们的能力相比太简单的话，那么我们就会觉得无聊并且注意力不集中；相反，如果任务太难，那么我们就会感到焦虑，注意力同样无法集中。

3.除此之外还有一种可能的情况：任务难度和个人能力就像钥匙和锁一样完美契合，这也是一种理想的状况。任务对你来说虽然有挑战性，甚至有可能是极大的挑战，但你每时每刻都确信自己能完成这项任务，在这种情况下，你就会进入心流状态，就像外科医生，或者用尽全部技巧来演奏并每时每刻都能完全掌控作品的音乐家一样。工作仿佛自己在完成，你虽然触及了自己能力的边界，但并不会觉得工作对你的要求过高，任何东西都无法打扰你、分散你的注意力，它们都被你反弹回去了。这是一种我们做任何事情的时候都可能达到的状态，的确是任何事情，不管是有挑战性的、工作方面的事情，一个有趣的爱好，还是一项简单的、第一眼看上去可能并不会让人觉得有趣的日常工作。

> 任务难度＜个人能力：要求过低，无聊；任务难度＞个人能力：要求过高，压力。

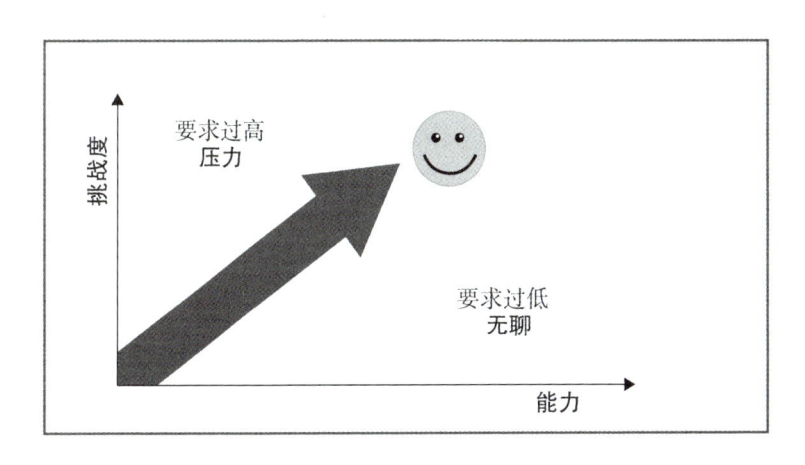

仅仅知道达到心流状态的前提条件并不意味着我们就能够每天多次主动进入这种状态。产生心流的理想状态是任务难度和个人能力完美契合，然而工作中通常都充斥着例行公事，大约只有五分之一的工作者在日常工作中能遇到这样的情况。这个比例可不高。我们常常会被建议去寻找新的任务，然而这个善意的建议对于许多人而言就意味着换工作，要迈出这一步可不容易，对于大多数人来说这恐怕并不是可行的解决方案。

但这并不是我们放弃的理由。心流和专注相互作用的有趣之处在于，两者处在一种双向的关系中。不仅心流能够引起专注，这一机制也可以反向运作：如果我们全身心投入一项明确的任务中，并且将全部注意力都集中在这件事情上，完全不受干扰、不分神，那么我们很有可能进入心流状态。戈尔曼曾写道:"全神贯注能够促使心流的产生。"因为大脑通过集中注意力进入了一种各部分完美合作的状态。与具体任务相关、对任务的完成不可或缺的区域得到最佳的利用时,其他非必需的、在某些情况下会导致分神的大脑区域就被闲置了。

思考 什么情况下你会感受到心流?工作时还是做与兴趣爱好有关的任务时?

_____

_____

_____

在这方面,我们体内的"奖赏系统"也起着重要的作用,它主要为我们提供神经传导物质多巴胺。多巴胺是一种由人体分泌的物质,它作为神经传导物质负责将信息从一个神经细胞传导到另一个神经细胞。

许多科学家都做出过这样的推测:如果我们有目的性地、专注地从事一项工作,那么多巴胺的分泌就会增加,它能让我们的大脑更好地把重要的事情与无关紧要的事情区分开来。我们的思考速度会加快,会比平时更有创造力,工作也会更容易上手。这种最简易形式的大脑兴奋剂很快会显现出效果,我们做着令我们感到轻松的工作,这使我们内心愉悦并得到激励坚持下去。也就是说,专注导致多巴胺的分泌,多巴胺激励着我们,促使我们坚持下去,并且帮助我们集中精力在一件事上。

通过这种方式，大脑以一种对于眼下的要求而言绝佳的状态来工作，并且我们非常有可能在自己能力范围之内取得最优异的成绩。这与工作类型的关系不大，即使是很无聊的日常事务，我们也可以在专注的状态下快速、尽可能好地完成并且感到心满意足。

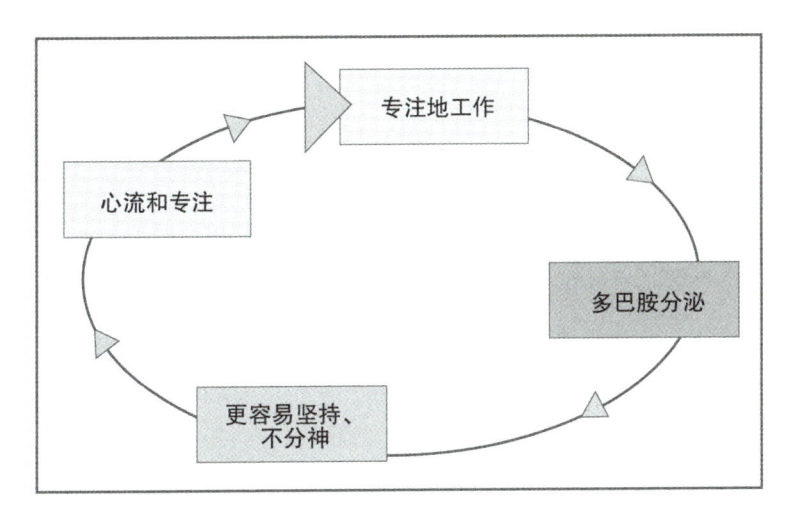

被低估的成绩曲线

你是否也曾经观察到：为了一份急需的报表、一个有趣的项目、下一个报告所需的讲稿或是某位客户需要的商品，你专注地工作了很长时间，你的注意力高度集中快两个小时了，你没有休息也没有被打断，当你终于合上文件或者关上电脑，从书桌旁站起来的时候，你会突然感到腰酸背痛，完全累垮了，

> 专注会引起疲劳。如果不会放松，就会导致精神的过度疲劳。

几乎无法清楚地思考。是的，专注地工作、阅读和练习使人劳累，让人感到疲惫不堪，因为我们要做的不仅是将注意力集中在一件事上，同时我们还得抵制众多诱惑，这也会耗费精力。丹尼尔·戈尔曼将专注比喻成肌肉，如果用力过度的话，肌肉就会感到疲劳，一开始会出现疼痛感，严重时还可能导致肌纤维撕裂。精神疲劳的迹象与肌肉组织的过度劳累一样容易被察觉：我们取得的成果越来越少，越来越容易被打断、被干扰、受外界刺激的影响，这些都是会破坏专注状态的因素。

现在，我们来谈谈潜在的危险因素。你还记得第1章中温水煮青蛙的那个实验吗？正如这只青蛙一样，我们在大多数情况下不会马上陷入精神疲劳的状态（掉进装有热水的锅中），这是一个缓慢的过程：科学研究表明，注意力和工作效率在50分钟之内会出现明显的下降。如果有人在你工作的时候将你与一台脑电波仪相连，并且通过这种方式来记录你的脑电波，那么你将会在显示屏上看到自己的工作能力是如何呈现急剧下降的趋势的。

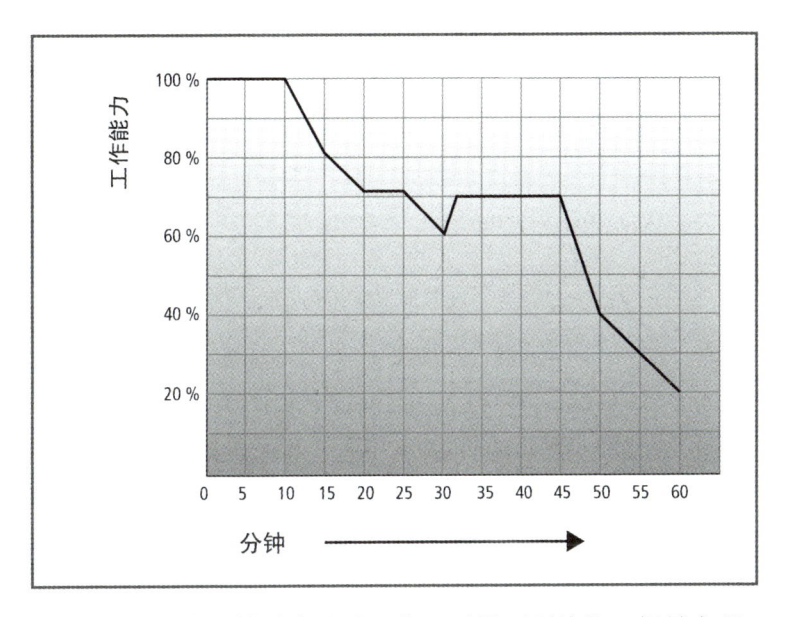

连续数小时持续专注地工作几乎是不可能的，但是在现实生活中，我们经常会连续不停地工作。其中的奥秘在于，工作效率的降低是一步步进行的，就像温水煮青蛙时逐渐上升的水温一样，因为我们通常根本不会注意到自己的专注力正在减弱以及减弱了多少，也不会注意到我们的注意力只剩下开始时的一小部分。渐渐地，我们的工作效率降低，必须花费更多的力气和时间，能休息的时间也就越少，于是导致更加低效地工作——恶性循环。

思考 你在工作时多久休息一次？休息多久？

第 5 章　如何获得持久的专注力

想知道这样的恶性循环如何解决，就得知道何时需要休息、怎样在休息的过程中尽快恢复。但我们首先要认识到，早在最初筋疲力尽的迹象出现前，专注力就已经大大衰退。因此，必须让休息成为我们工作中的固定组成部分。

我们通常（起码是从事体育工作的人）都知道如何让过度劳累的肌肉恢复，但"精神肌肉"如何恢复呢？答案很简单：休息。具体说就是把我们的注意力从刚刚在忙的工作中转移出来，放到恰好出现的任意一件其他事情上。

但是请注意：不是所有能对我们产生刺激的事都能带来持续的放松。网络和电子邮件虽然可以转移我们的注意力，但其带来的巨大刺激也会令我们疲劳。进行简单易行的放松活动效果要好得多——散步便是理想选择。比如说你可以养成这样的习惯：有规律地在进行 45~50 分钟专注的工作后快速地绕着写字楼跑上一圈，脚步尽可能轻快，就像是快走或者放松的慢跑。比起在厨房里呼吸污浊的空气，喝这一天的第五杯咖啡，这种方法更能让人重拾活力。当然你也可以在中午的时候散步，在户外运动 10 分钟就能够产生很好的效果。

如果你想加强上述休息带来的恢复效果，可以在条件允许的情况下在附近找一个公园或者至少是一个有尽可能多的绿色植物的环境。

精神肌肉也需要休息。

这样做的原因是：与在城市里散步相比，在大自然中休息更有利于大脑恢复活力。高楼林立的都市环境中有太多让我们

88 专注力：如何高效做事

分心的东西，无数的刺激（交通、噪音和广告）也会吸引我们的注意力。与此相反，小公园或是建筑群中的绿地带给我们的是温和的刺激——随风摆动的花草树木、喷泉等，而恰好是这样的方式可以为专注的工作提供新的能量。单单是在脑海里想象出一片自然风景就足以产生放松的效果，坐在一幅风景画旁边也能比在街边的咖啡店里得到更好的休息。这样说不是为了重新引入曾在20世纪70年代风靡一时的全景壁纸，虽然休息区、餐厅和咖啡厅采用这样的装饰也是很有必要的。

停止内心的呼喊

但是，有一个问题是这种放松方法不能解决的：在休息阶段我们的大脑还是有机会回到刚刚在专注的工作中被我们暂时忽略的事情上——那些尚未解决的问题，没有支付的账单或清晨和伴侣的争吵，这些对于高效的休息来说都是干扰因素。想要避免出现这种问题就要像创造一个专注的环境时那样做：我们必须将内在的干扰因素排除，这样我们才可以专注地放松。这听起来似乎是互相矛盾的，就好像我们通过放松所达到的效果又通过专注于放松被消耗掉了。但事实并非如此，关键在于选择怎样的放松方式。

理想的方式是选择简单易行、不太费力的活动，放松与冥想为此奠定了很好的基础（见第6章）。两者的共同之处在于将我们的注意力转向一种特定的身体感觉或呼吸，这样我们就不会胡思乱想了。同时，放松或冥想不会让我们的精神太过费力，也就不会破坏精神的恢复了。

我们也可以采取完全不同的方法来恢复精神。不久前，我在一位生意伙伴的办公室和他商定会议日期时，注意到了一件不寻常的"办公家具"：一架电子琴。我当然想知道它的用处是什么，因为不是在每个人的办公室都能看到电子琴。他说这架琴是自己的"放松神器"，他说自己并不是一个非常有激情的演奏家，但每天都会弹上几次，每次几分钟（当然是戴着耳机，这样就不会打扰到别人），然后就可以更放松、更专注地工作。这背后的机制显而易见：专注力从工作中转移到了演奏电子琴上，演奏对于他来说不是一件费力的事，而是在放松状态下集中注意力的方式，他可以在其中得到最好的恢复并重新集中注意力。

虽然并不是每个人都可以在办公室放一台琴，而且其他的乐器也不适合办公室的环境，但还有很多其他的放松方法，并且都简单易行、适合精神恢复（具体细节和操作方法见第6章）。

放松的益处

放松靠的是分散注意力。我们需要集中精神工作时，注意力分散是不可取的，但这不一定意味着，注意力分散的状态就是差的或低效的状态，恰恰相反，发散的思维对于创造甚至是大有帮助的。

比如有报道称，数学家约翰·卡尔·弗里德里希·高斯（Johann Carl Friedrich Gauss）的许多数学问题的答案都是他在做一些与数学无关的、鸡毛蒜皮的事情时突然想到的。所谓灵光乍现可能就是这样。（从事密码破译工作的）密码破译员彼得·施韦策（Peter Schweitzer）在散步或者躺在躺椅上享受阳光时最容易想到新的密码和破译方法，最起码在外人看来他是这样的——此时他肯定不是完全不受打扰的。

虽然这可能不符合我们对学术研究的设想，因为它并不是在书房里专注地进行，但对于某些特定的工作来说，让自己的思维自由地、发散地游走是非常有用的。我们在这种状态下似乎更能发挥创造力并找到疑难问题的答案。

患有注意缺陷障碍的人无法持续集中精力，他们的思维过度发散地、不停地游走，对这些人来说，长时间专注在一件事情上是非常困难

> 如果一个人的思维可以自由地来回游走，那他就是有创造性的。

的。我们以创造力为研究对象，将注意缺陷障碍患者和没有注意缺陷障碍的普通人分为两组进行研究，得出的结果是注意缺陷障碍患者在创造力方面表现得要更好——总体来看，面对所提出的问题，他们给出了更多富有原创性的答案。在实验中通过检测脑电波可以发现，注意缺陷障碍患者脑部负责思维变化的区域较为活跃，并且人们发现，在得出富有创

第 5 章 如何获得持久的专注力

造力的结论之前的一小段时间内,脑部这一区域会更为活跃,这对创造力似乎有所帮助。注意缺陷障碍患者的精力很难长时间集中在一件事情上,他们常常分神,但这正好有利于他们的创造力。

通过检测脑电波,科学家们还观察到,思维的发散与创造力之间有着进一步的联系:在富有创造力的认知过程之前,大脑中会出现 α 波,它意味着大脑处于一种清醒、放松且专注的状态,这也是我们做白日梦时所处的状态。在这一状态下,我们可以自由联想,而不会拘泥于一件事或者一种解决方案。

自由发散的思维可以帮助我们发挥创造力,通过这种方式,我们的思维可以找到问题的答案,这也给了我们自我反思的机会。通过自由发散的思维,我们可以设想未来发生的场景或者更好地理清过去。此外,这样的"创造性发散思维"过程也是一种休息,在这期间,我们的大脑有机会再次积蓄力量,并用于传统意义上的专注,以完成一项具体的工作。

让思想流动起来

我经常请参与我报告和课程的人拿出一张纸,在纸上画九个点,组成一个正方形,理想状态下这个正方形应该是这个样子:

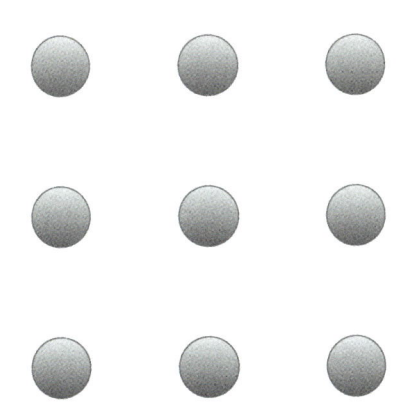

接着我会给出一个简单的题目：将这九个点用四条直线连接起来，不能漏掉任何一个点，而且笔迹不能中断。可能你曾看到过这个题目，可能你在翻阅这本书的时候也找到了答案。如果以上两种情况都不是，那么也请你来解解这个题。

怎么样？成功了吗？找到答案了吗？你可以在第 11 章找到答案。请将你的答案与我提供的相比较：如果你找到了正确的答案，那么恭喜！如果没有，也别灰心，因为很多人跟你一样。大部分我的报告听众和课程参与人在规定时间内（大部分是两到三分钟）都没有找到正确的答案，有时我惊叹于他们所呈现的巨大的创造力，虽然常会有一个点被漏掉，或者在他们没察觉的情况下笔迹自己中断了……

这是一个很有趣的小游戏，游戏中有一个非常重要的核心现象，准确地说不是在游戏中，而是在它的外部。请再次翻到第 11 章看一下答案。对我来说重要的不是这四条线，也不

第 5 章　如何获得持久的专注力　　93

是把这九个点全部连接起来，而是新出现了什么：两个三角形（答案中的阴影部分）。它们位于原来正方形的外部，却这正是这个谜题的答案。如果人们在这个正方形之内寻找答案（大多数人都会这样做），那这个题目是无解的。只有当一个人离开这九个点和这个正方形，走出惯常的环境、寻找自己的路并在外部寻找解决方法，答案才会出现。在这个练习之后经常有人因此责怪我，没错，我是应该早点说明要从外部寻找答案。但这正是这件事最吸引人的地方：答案在外部，为了找到答案必须走到一旁，从外部去观察这个问题。

同样地，专注力和创造性发散思维之间也有这种相互影响的关系。专注力对于解决一项给定的问题、完成任务和保持高效率来说

> 创造性需要时间和空间。

是好的、有利的并且重要的，但我们常常需要离开专注的框架，离开这九个点，建立一个新的立足点，给予创造力一定的空间来产生新的想法和答案，而将这些想法和答案实施又再次需要传统的、专注的工作，这时，在外部的这两个三角形中寻找答案，就要比在这个正方形范围内寻找答案简单多了。

所以，请为你思维的自由发散留出时间，在计划外留一段时间，让自己在大自然里、在散步中、在阳光下的躺椅上、在浴缸里或是在任何一个美丽的、安静的且惬意的地方度过。但这段时间多半不会自己出现，所以重要的是，你要计划好这段时间。这并不矛盾，虽然这段时间是计划外的，并且你没

有安排任何要做的事情，但也得把它放进拥挤的时间表里去，也要对它的可实现性进行规划。尽早把这段时间写进计划表里，同时确保不在这段时间里安排其他事情，就能从富有创造力的自由空间中获得更多益处。

CONCLUSION

1. 以压力（踢驴屁股）和奖励（胡萝卜）作为动力虽然有效，但并不能持久。
2. 要求过高产生压力，要求过低令人无聊。
3. 完成能力范围内的挑战会产生心流和专注力。
4. 大脑完成一项与我们能力相匹配的任务时会产生多巴胺，它会促进我们完成任务并带来满足感。
5. 脑力工作者最多工作 50~60 分钟就需要休息 10 分钟。请你利用这 10 分钟放松精神。
6. 有时思维发散也是有益的，创造力需要思维自由地游走。

第 6 章
训练你的专注力

Konzentration:
Wie wir lernen, wieder ganz
bei der Sache zu sein

专注力可以像肌肉一样通过训练得到提高。

人需要上万小时的练习才能成为某一个领域的大师，美国心理学家卡尔·安德斯·艾瑞克森（Karl Anders Ericsson）的研究也证明了这一点。比如他发现，知名音乐学院最优秀的小提琴家都经历过至少一万小时的小提琴练习，而其他那些比他们练习时间短得多的人，只能成为第二小提琴手。这个"一万小时定律"在全世界广为流传。如果是为获得顶尖的成绩，这条定律或许是适用的，不过用在专注力上则有所不同：专注力虽然也可以训练，却不需要一万个小时。

　　人们在两百多年前的启蒙运动时期就已经知道这一点了。例如著名的教育学家约翰·亨利赫·裴斯泰洛齐（Johann Heinrich Pestalozzi）就曾强调说，对不听话的注意力进行训练，"绝对是一切教育的根本目的"。如今，现代认知科学的结果也证明了这点。神经科学研究就为我们带来了好消息：专注力可以像肌肉一样通过训练得到提高。常常专注做事的人，长期如此便会取得更多的成就，也会更有效率，即使这个人已经上了年纪。

　　来自旧金山大学的亚当·盖斯利（Adam Gazzaley）也进行了一项有趣的研究。一群超过 80 岁的实验对象要在一个电脑游戏中驾驶车辆并在此期间辨认出特定的交通标志，同时忽略其他标志。几轮下来，这些老年实验者的注意力得到了提高，甚至超过了没有经过训练的20岁实验者，同时他们的记忆力也得到了提高。上述实验证明了一种假设，即练习与训练能够提高我们的认知控制。丹尼尔·戈尔曼补充说："注意力的完全集中显然提升了大脑的运转速度，加强了突触之间的连接，并为我们所训练的内容扩展或建立神经元网络。"在此过程中，大脑的控制中心前额皮层被激活并强化。所以，去精神健身房提高你的专注力吧！

别担心，正如一个好的健身房里有不同的健身器材一样，你也有许多不同的选择。三种最佳的训练方式分别是：

■ 冥想；
■ 学会感知；
■ 禅修（即全神贯注从事某事）。

> **思考** 如果你已经定期进行冥想和注意力训练的话，你可以跳过下面的讲解，或者你可以看一下是否可以从中获得新的启发。无论如何都建议你阅读第三部分"禅的奥秘"。

冥想：为什么？怎样做

几乎所有的冥想方法都是可以最大程度提高专注力的方法。大量研究结果证明，练习过冥想的人比没有练习过的人能更好地控制专注力。通过大脑断层扫描可以看出，进行冥想时，大脑的前额皮层，也就是我们的注意力控制中心会被激活。冥想除了有利于我们的精神状态及保持内心平静外，在加强专注力方面也有着重要的作用。选择哪一种冥想方式并不重要，可以是瑜伽、坐禅、内观禅修或者只是简单的呼吸冥想，也就是坐直身体，观察呼吸的过程，当你发觉自己的注意力从呼吸上转移开时，只要简单地将注意力重新集中到呼吸上即可。最重要的是要有安静的环境，同时将注意力投注在某个对象上，这个对象可以是一幅图片、一句话、一句经文、体内的一种感觉或者呼吸。

> 冥想 = 坐好—呼吸—观察

虽然世界各地存在着不同的冥想形式，但它们对于身体和精神的作用大致相同。今天，科学研究也已证实了冥想的作用，多所美国知名大学的大量实验通过测量脑电波和大脑断层扫描发现，在冥想时身体会发生以下变化：

- 思维保持清醒、有意识的同时，身体处于深度的平静状态；
- 肌肉得到放松，脉搏和血压降低，身体的耗氧量降低，全身也得到了放松；
- 在清醒状态下变化混乱的 β 波频率被清晰、单一的 α 波和 θ 波代替，并传播到整个大脑；
- 左、右脑同步运行；
- 对于初学冥想者，压力激素的影响会降低，对于进阶冥想者，压力激素完全消解；

第6章 训练你的专注力

■ 定期进行冥想可以增强免疫系统，并能够将血液中的抗体数量提高 25%。

如上面提到的，冥想会提高大脑前额皮层的活跃度，从而提高人的专注力。

如何冥想

关于如何真正地进行冥想，世界各地文化的交错融合以及宗教的传播给我们提供了不同的指导，此外还有不计其数的关于这方面的书籍、课程及学习班。人们一直重复提出这样一个问题：什么是真正的冥想方法？答案很简单，最适合你自己、你最容易做到、做得最好且最容易产生效果的方法就是真正的冥想方法。你的自身体验也会给出答案。随着时间的推移，很可能你会改变冥想的方法，或是选择一种新的方法以丰富自身的体验。开始的时候，如果能参加某个课程，并在专业及认真的指导下与其他人一同进行冥想，那么效果会更好。但你也可以独自开始练习冥想，比如你可以照着某本书上写的做，或是使用带导引的 CD 或者 DVD（当然网络也可以提供大量的信息）。

冥想时大体有以下几个要点。

1. 重要的是脊椎要保持直立。最容易保持脊椎直立的方法就是坐在一个有笔直靠背的椅子上，双腿平行摆放，脚掌着地（不要把脚放在椅子下面），双手放在椅子扶手上、膝盖上或放松地放在怀中；有人更喜欢坐在地上，双腿盘起坐在垫子上（以保持脊椎直立）或选择莲花坐姿，就像我们看到的佛像那样。但一开始的时候需要时间去习惯这个姿势，因为在冥想进行一段时间后常常会感到疼痛，对于膝关节来说也是很大的负担。坐在椅子上有一个好处就是不需要做很多准备，在任何地方（在办公室、机场或公园的长椅上、火车上）都可以进行，更重要的是不容易被人察觉。

2. 闭上眼睛，平静地深呼吸、直达腹部。这里所说的呼吸是指腹式呼吸，呼吸时腹部会轻微地鼓起、收缩，并不是繁忙的日常生活中最常见的"浅层"胸式呼吸。呼吸时，先缓慢地吸气，停止一到两秒，再缓慢地呼气，让呼吸短暂地停顿，然后再吸气。这种短暂的屏息有利于人们暂时放下杂念，恢复清醒的状态。甚至有冥想大师认为这种短暂的屏息是冥想过程中最重要的部分。

3. 其实要做的也就是这些了！假如没有那些杂念的话。就在我们以为终于可以静一静的时候，很多在日常生活中被忽略的烦恼、恐惧、愿望和计划却都在蠢蠢欲动。让我们进退两难的是，我们越是想要反抗并尝试将这些想法和声音在心里压制下去，它们就会越强烈。有一个很贴切的比喻是：思想是猴子，它们在大脑这棵树上跳来跳去。人们现在想要把它们一个个抓住扔到地上，直到把它们从树上都赶走。但这群猴子会从另一边再爬回树上，并且场面会比一开始更加混乱。那到底应该怎么做？下面两点可以帮助你应对这一局面。

- 请你不要对此感到有压力！这是很正常的。每个进行冥想的人都有和这群"思想猴子"打交道的经历。这与我们大脑天然的工作方式有关，一旦没有事情发生，我们的大脑马上就会另外寻找事情去做。因此请你先让这种情况顺其自然地发生，不要禁止自己思考（因为这是行不通的），也不要因为自己的思想开了小差就感到沮丧或愤怒，这样只会加剧这一现象。如果可以的话，请放松、平静地看待自己正在走神这件事。
- 接下来再次让注意力回到呼吸上去！呼吸不仅有令人平静的功能，同时也是吸引我们注意力的合适手段。请观察呼吸的过程，在呼吸的同时数数也会有帮助：在第一次呼吸时数"1，1，1，…，1，1，"，在下一次呼吸时数"2，2，2，…，2，2，2"以此类推，一直到10，然后再从1开始。如果发现自己的思想又开小差了，就再从头开始。

对专注力训练来说最重要的一点实际就是，有意识地感知到自己的分神和有意识地重新回到冥想的对象上（这里指呼吸的过程），因此冥想对于控制专注力是最有效的训练。这种意识到自己心不在焉、并将注意力拉回原本关注对象上的能力，

> 冥想之于脑力工作就像训练之于足球运动员。

如果能在冥想时得到加强，那么我们在日常生活中也能够做得更好。将自己的思想"拉回来"（这是所谓反应的实际含义）的行为就像肌肉训练一样，它强化了大脑前额皮层，使我们的思维更加活跃，专注力也有所提高。

此外还有一些其他的有效手段，特别是在练习初期：

- 请你尽量在同一时间进行冥想，这可以帮助你建立自身的节奏；
- 请你尽量在同一地点，例如在一把专门的椅子或地毯上进行冥想，给你的思维一个"安心之所"，帮助你更简单地进行冥想；
- 请你以一个信号结束冥想，比如闹钟。过一段时间后，你的神经系统自然就知道什么时候该结束了。理想的时间是20分钟，但也可以是30分钟或10分钟，这取决于你自己。有规律的10分钟要强过偶尔的二三十分钟。

学会感知

注意力既是一种能量载体也是一种能力，作为一种可能影响成功的因素，心理学家赫尔曼·格拉夫·凯泽林（Hermann Graf Keyserling）认为，学会专注与学习走路、说话同样重要。注意力在日常生活中可以通过简单的方式进行训练，即感知与观察。

观察自己的思想

在很多心理学家看来，对思考过程的观察是进行自我调节最重要的方法之一。你可以持续关注自己的思考过程，观察自己思考了什么以及想法是如何形成的，或者是怎么走神或完全分神的。

能够感知这些就已经足够了，与此同时，你会与自己的思想拉开一定距离，并且不会再被这些思想完全控制。假如你无法与自己的思想保持距离（通常是下意识的），它们就会（也在情感上）控制你。如果你能（从外部）观察自己的想法，那它们就失去了对你情绪的控制力。

> 认同会增强思想的力量，观察会减弱它。

感知身体

请你偶尔抽出一到两分钟时间，让注意力"穿行"你的全身：感知你的右脚、右边小腿肚和右边膝盖，接着是大腿和臀部、右手、小臂、手肘、上臂，然后来到身体的左侧继续向下，直到你的感知回到自己的左脚上。

你可以试着去感知整个身体，正如有意识地感受你的呼吸过程一样，花一两分钟感受它。这在一定程度上可以算作一个活动间歇中的"迷你冥想"。

这个练习可以让你很好地利用等待的时间，同时可以观察在等待的过程中，体内出现了哪些感觉与压力。这样你就能把令人恼火的"浪费时间"变成一个练习注意力的好机会。

比如堵车就可以成为"利用中断即兴练习"的机会。

渐进式放松

还有一种方法是所谓的"渐进式肌肉放松"练习，让你既可以集中注意力也可以得到放松。这种方法是依次让不同部位的肌肉先紧张起来，几秒过后再放松。通过肌肉的紧张与放松，我们的身体很快会感到舒适。具体方法如下：

- 坐在椅子上挺直背部，右腿水平向前伸，脚尖向着身体的方向回勾，绷紧腿部所有的肌肉，并保持这个紧绷的状态 5 到 7 秒，接着放松 15 到 20 秒，重复一次，接着左腿进行两次；
- 右臂向前平举，手握拳，肩膀向前扣并绷紧整条手臂。同样保持这个绷紧的状态 5 到 7 秒，接着放松 15 到 20 秒，重复一次，接着左臂进行两次；
- 最后四肢伸展，绷紧整个身体，肩膀贴近耳朵，做一个狰狞的鬼脸，腹部与臀部肌肉也绷紧。保持这个状态 5 到 7 秒，放松，重复进行。

在上述所有过程中都要保持全神贯注，有意识地感知每次的紧张与放松。

有意识地感知行为

试着感知自己的行为，特别是日常生活中的那些习以为常的下意识行为，如上楼梯、洗手、做家务。一个增强意识的小诀窍就是放慢你的动作。如果时间允许，请你如同在慢镜头中一样去做这些事情，也可以只是比平常稍微慢一点。你可以在自己的办公室站起来（如果只有你自己的话），非常缓慢地绕着你的办公桌，或者在这个空间里走来走去，每一步都像在慢镜头里，清楚地去感受地板与你的双脚。

此时此地

所有注意力练习都有一个效果，就是将你的意识带回当下，带到此时此地（哪怕只是很短的一段时间）。大多数时候，我们的思想不是在过去就是在未来的事情上，很少有意识地感知当下。假如我们将注意力有意识地集中到当下，去感知我们刚刚感知到的或者刚刚做的事情，那我们就无法同时纠结于过去或未来，这将有助于我们获得内心的幸福感。

阿道司·赫胥黎（Aldous Huxley）在其所著的乌托邦小说《岛》（Eiland）中描述了这样一群鹦鹉，它们围绕着人类边飞边不停地喊着："此时此地，伙计们，此时此地！"它们要督促岛上的居民不要再胡思乱想或做白日梦，而是重新关注此时此地正在发生的事情。在不久前的一个冥想学习班上，我也经历了类似的事情。在学习班上，我们要用两个小时做一项简单的园艺工作，每隔 10 分钟就会有人过来敲锣，这是一个信号，提醒我们暂停，并感知自己的注意力刚才在哪里：是在园艺工作上还是已经分神去了别的地方？接着，锣声再次响起，我们继续工作。这样的锣声或赫胥黎小说中的鹦鹉如果放在日常生活中对我们肯定是有用的，没准这样的手机应用也已经出现了！

> **思考** 你此刻在想什么？你能观察它吗？或许你可以抽出短短的两分钟时间，感知一下你的身体，按前文介绍的方法，让注意力"穿行"全身。

禅的奥秘

一位事务繁忙、常常感到精神压力很大的经理想要寻找内心的平静，便去参加了一个寺庙里举办的为期三天的冥想学习班。回到家后，他兴奋地向妻子讲述新学到的禅修法，并打算劝妻子也一起做。但妻子想先搞清楚这是什么。"禅"，他解释道，"就是完全存在于当下，与自己正在做的事情合二为一，比如在坐着的时候，将全部注意力集中到自己的呼吸上。这种坐禅的方式就可以解释为'坐着参禅'。""那么，"他的妻子回答道，"我已经禅修了很多年了——每天我都完全专注地做'家务禅'！"

是的，他的妻子说得没错：当她全神贯注地做家务时，也可以说是坐禅，就像是训练专注力那样，全神贯注地完全集中在一件事情上。这就是禅！你还可以在下列活动中进行练习。

• 阅读	• 上课
• 写作	• 骑自行车
• 工作	• 讨论
• 踢球	• 培训或治疗
• 演奏音乐	• 下棋或打牌
• 爬山	• 跳舞
• 玩电脑游戏	• 做任何运动
• 园艺工作	• 冥想
• 做饭	• 处理简单的日常事务
• 手工制作	• 表演
• 绘画	• 以及调情 ☺

"慢阅读"是一项源自新西兰的活动，人们聚集在咖啡馆里，享受一个小时安静、缓慢、不被打扰的阅读，就像其他人聚在一起做一个小时瑜伽一样。许多活动参与者表示这项活动让他们的专注力有所提高，阅读的一切也变得更加清晰、鲜活、吸引人。

总的来说，我们的思想大部分时候都像在仓鼠笼里一样，不停地被驱使着、充满忧虑或被不同的事情分散着注意力，而且大部分时候我们完全意识不到。离开这个笼子的方法也是有的，最主要是通过冥想、注意力训练和有意识的、专注的行为。就像运动员为比赛训练肌肉一样，你也要为脑力劳动训练大脑，同时也通过这些训练让自己生活得更加专注与充实。

> 重要的不是做什么而是怎样做——全神贯注。

思考

在接下来的一段时间请你注意，当你整晚或者哪怕只是花一个小时阅读、打扫房间或专注对话时自己有何感受。请你将上述感觉与整晚上网、看电视（不停换台）、网上聊天或打了很多通电话后的感觉进行比较。有没有感受到区别？有什么区别？

_____

_____

_____

> **实用贴士**
>
> 1. 每天抽出 10~20 分钟时间冥想或者只是安静地坐着，观察自己的呼吸。
> 2. 中途暂停并感知自己的思想是如何变化的，或者使注意力"穿行"全身。
> 3. 抽时间有意识地去做一些日常生活中简单的事情，尽量人为地放慢动作，就像在慢镜头之中。
> 4. 进行需要全神贯注的活动，如：
> - 登山、划船、骑马或打高尔夫球之类的运动；
> - 下棋、打牌、足球或网球之类的对抗性运动；
> - 绘画、写作、演奏音乐或跳舞之类的艺术性活动；
> - 读书之类的激发脑力活动；
> - 园艺、做饭或者打扫房间之类的手工活动；
> - 当然还包括各种需要专注的工作。

第 6 章　训练你的专注力

1. 专注力可以像肌肉一样得到增强和训练，并能持续提高工作效率。

2. 三种最好的"大脑肌肉"训练法是冥想、学会感知和专注于行为。

3. 冥想为身体带来宁静与放松，产生 α 波和 θ 波，令左右脑同时运行，减少压力激素分泌，增强免疫力并提高专注力。

4. 冥想的三个基本要素是：（1）脊椎直立；（2）平静、深度的腹式呼吸；（3）将注意力集中到冥想的对象上（如一幅画、一句话、身体或呼吸）。

5. 思想开小差时（这很正常），感知它，然后重新回到冥想的对象上。

6. 建议你尽可能有规律地在同一时间、同一地点进行冥想，以一个信号音结束冥想过程（20分钟最佳）。

7. 注意力的训练方法是：（1）有意识地观察自己的思想；（2）有意识地感知自己的身体；（3）有意识地感知自己的行为。

8. 注意力训练将意识从胡思乱想、忧虑及白日梦转移到当下。

9. 每一个专注行为（工作、爱好、运动或做清洁）都同步训练着我们的专注力。完全集中在一件事情上才是重点（也是禅的奥秘）。

10. 重要的不是做什么而是怎样做——全神贯注。

第 7 章
专注于积极的事物

Konzentration:
Wie wir lernen, wieder ganz
bei der Sache zu sein

关注积极的事物会拓宽我们的视野,释放积极的情绪,并提高我们的行动力。

令人惊讶的问卷调查

在一个实验中,实验组得到了一张纸,上面写着十个简单的数学题:

$$8 + 3 = 11$$
$$39 - 5 = 34$$
$$17 + 4 = 21$$
$$12 - 3 = 9$$
$$80 - 18 = 62$$
$$3 + 9 = 12$$
$$17 - 9 = 11$$
$$9 + 9 = 18$$
$$15 - 2 = 13$$
$$2 + 2 = 4$$

他们得到的问题是:"你在这张纸上发现了什么?"现在同样的问题我也想问问你。

思考 在继续往下读之前，请你试着回答这个问题。你在这十个数学题中发现了什么？如果手边有可以书写的工具，请你写下答案。

_____

_____

那么在实验中呢？在短暂地观察了一段时间后，毫无例外地所有人都自然而然地写下了："有一个算式是错的！"当然是错的：17减9肯定不等于11。没有一个人想到说："有九个算式是对的！"

你意识到了吗？第一次听到这个实验的时候，我震惊地发现自己也是用这样的态度对待生活中的很多事情。早晨醒来，我的思维自然而然想到的首先是前一天还未解决的某个问题，我通常不会想到自己的身体很健康，拥有深爱的妻子和孩子，有一份喜欢的工作，有许多好朋友，衣食无忧，在一个没有战争与专制的富裕国家有一套自己的房子，等等。事实上，我必须不断提醒自己意识到这些，否则注意力的焦点几乎只会在那些错误的事情上。我们的大脑里就像有一种自动机制，让我们第一时间想到的总是不对的事情，我们就像带着一台错误扫描仪穿行在这个世界上，看到的是：

> 1 个错误
> 9 个正确

如果就此推导说我们大脑的这个功能有问题，那又有些武断。事实恰恰相反：这些自动的错误扫描是我们的生存保障。相对于令人高兴的事情，我们对于危险信号反应得更快也更强烈——只有这样我们才能马上回到安全状态。如果生活在几万年前的尼安德特人在野外醉心于美丽的风景和鸟语花香，那他很可能被树后面未被他察觉的熊吃掉。如今在交通驾驶中也是如此，我们首先注意的是刚刚超过我们的那辆车，而不是在我们周围有序行驶的车流。

而对于我们的生活满意度和心理状态，大脑并没有一种自动机制去展示这样的画面：

> 9 个正确
> 1 个错误

我们的大脑中没有一个自动机制告诉我们一切都在有序进行。只有在危险的时候，大脑才会有所反应并确保我们可以生存，至于我们在这一过程中是否满意，至少从生物进化的角度看，这是不重要的。能在生活中不断有意识地提醒自己"9个正确"，是人成熟、机智与智

> 大脑会自动将注意力集中在消极的事情上，对积极的事情则要有意识去激活。

第 7 章 专注于积极的事物

慧的标志。我们必须主动关注这些积极的方面——只靠大脑本身是不可能的。

焦点起着决定作用

我前段时间也有过这样的经历。我在汉堡为约 500 名听众做了一个报告，报告后掌声经久不息，很多人向我走来表示感谢。但当我正准备上出租车的时候，听见一位男士大声说："我很久没听过这样的胡说八道了！"可惜我没法追问他具体指什么，因为我必须赶去机场，但我的心情却跌入了谷底，那些激动的观众好像突然被抹去了，我的意识里只留下了那个男人和那句话。直到我意识到自己身上发生了什么，想到了"9 个正确"和"1 个错误"这个机制，我的心情才慢慢好起来。在这种情况下需要运用意志力，才能避免大脑去回想那个男人的评价。

- 这种将关注焦点从消极的事情转移到积极的事情上的能力，这种转移注意力的能力，是我们拥有成功和精神上的幸福的重要先决条件。
- 如果我们只关注消极的事情（放任我们的大脑只思考这些事），我们的感官就会局限在这些令我们生气或恐惧的事情中，我们会因此沉浸在问题中不能自拔。这有时会引发心理上的混乱。这种无法自拔会导致一个重复的过程，在这个过程中，我们越来越被心中那些难以解决的问题占据和控制。陷得越深，我们的心情就会越灰暗。如果一个人总是关注消极的一面，他患抑郁症的可能性就很大。

- 与此相反，关注积极的事情会拓宽我们的感官范围，并产生积极的情绪。我们越是感到身心愉悦，可感知的范围也就越宽。同时，我们大脑内负责奖赏机制的部分也会被激活，它会影响多巴胺和内啡肽的分泌，多巴胺会提高我们的行为动力，内啡肽会提升我们的愉悦感。

法国作家夏多布里昂（Châteaubriant）曾将人的精神比喻为蝴蝶，蝴蝶会变成它所停留的那片叶子的颜色，即"观察什么就变成什么"（或者"变成刚刚注意力所关注的东西"）。这也意味着我们可以自己选择关注什么。就像是CD播放机，我们可以选择放哪一张CD。大脑会不断把那张问题CD掏出来，但我们也可以有意识地、主动地换掉它。

因此，走出消极感觉和负面情绪的唯一出路是转换关注点。这意味着，我们首先要感知身体内刚刚发生了什么，意识到我们被"1个错误"控制了，我们应该有意识地转移注意力，要么转移到"9个正确"上，要么至少转移到任何一件其他的事情上去。转移注意力这种能力是最好的自我调节之一，而且它是可学、可练的。

思考 请你快速写下自己的"9个正确",当然,也可以多写几个。

_____
_____
_____
_____
_____
_____
_____
_____
_____
_____
_____
_____

下面这个关于有意识转移注意力的简单练习来自意大利心理学家罗伯托·阿萨乔利(Roberto Assaggioli),请你抽出一点时间一起进行这个练习:

- 想象在白色的背景下有一个黄色的三角形；
- 想象黄色三角形旁边有一个红色的三角形；
- 将注意力集中在黄色三角形上一段时间后换到红色三角形，然后再回到黄色三角形；
- 现在抛开三角形，想象一个令人愉快的场景和一个令人不悦的场景。首先想一下令人不悦的场景，非常投入好像身临其境，接着转换到令人愉悦的场景中，同样投入；
- 重复几次上述的过程，并在不同环境下重复这个练习。

通过这种方式可以训练我们从一种设想中转换到另一种设想的能力，也可以练习从消极的思维方式转换到积极的思维方式的能力。

或者可以通过"在心里换台"进行练习。就像看电视的时候从一个台换到另一个台，在日常生活中也可以练习从下意识产生的"愤怒节目"换到其他节目，如"惊喜节目"。不要下意识地因为马路上不负责任的疯狂驾驶人生气，有意识地保持幽默的态度，微笑着表示惊讶，因为这人居然做出了这么怪异的举动。或者在超市排长队等结账或在机场等待办理登机手续时，你也可以"换台"——将关注点从"队伍终于往前走了"的愤怒和等待转换到你现在终于有机会休息一下并进行专注力练习了（如第6章所述）。这或许会使等候产生明显的质的改变。

不过我们要强调一点，这样做绝不表示要将"1个错误"抹去或完全忽视它。之前在一个关于这一主题的学习班上，

> 关注9个正确，解决1个错误。

一位参与者说："你就别再没完没了地说你那套积极思考法了！这跟往大便上抹奶油有什么区别！"在哄笑声渐渐退去后，我回答道："对，你说得对。如果想要用奶油掩盖粪便，那是对积极思考的错误理解。积极思考不是这个意思，它的意思是说要抱着积极的想法将粪便移走！"也就是说，如果一件事失败了，首先要接受这个现实（不要怨天尤人），接着要将注意力投在"9个正确"之上（以便坚定自己内心的态度），最后以积极的态度面对"1个错误"，使它无害化。

因此，不能小瞧内心的态度、感觉和看事情角度的重要性，有时它们甚至能起到决定性作用。

积极的感觉会推动积极的成绩，带来更多能量，改善我们的专注力，支持我们坚持不懈地努力，以推动我们取得成功。这点在足球赛场上十分常见，一个态度积极的球队比一个士气低迷的球队能进更多的球。

同样，我们也要专注于自身的优势而非劣势上。美国心理学家理查德·博亚兹（Richard Boyatzis）在研究中发现，专注于自身的优势会促使人们沿着所期望的方向发展，也会提高对新创意、新朋友和新计划的开放性；而将焦点集中在自身劣势上则更容易增长负罪感、自我保护意识、责任压力

或内心麻痹。由此，他得出结论："为了活下去，你需要关注消极的事情，但为了活得更好，则需要关注积极的事情。"

我在本章最后要说的话就是：注意你的关注点并好好生活！

CONCLUSION

1. 我们的大脑首先感知的是错误和有危险的事情。在10道数学算式里，大家首先想到的是有1个错误而不是有9个正确。

2. 我们的大脑中没有一个自动机制告诉我们一切都在有序进行（9个正确）。这需要我们有意识地进行。

3. 将关注点从消极事情转移到积极事情上的能力是取得成功和产生愉悦感的决定性条件。

4. 聚焦在消极的事情上会限制我们的视野，让感觉变得阴郁，让人变得消沉。

5. 聚焦在积极的事情上会拓宽我们的视野，释放积极的情绪，提高我们的行为动力。

6. 看待事情的角度决定我们怎样生活——观察什么就会变成什么。

7. 学习在内心从"愤怒节目"转换到"惊喜节目"，能让我们生活得更加自主与幸福。

8. 重要的是不要抹去"1个错误"，而是有意识地调节到"9个正确"，然后解决掉"1个错误"！

第 8 章
沟通中的专注力

Konzentration:

Wie wir lernen, wieder ganz
bei der Sache zu sein

在与他人沟通时,专注于沟
通本身。

不久前，我躺在一家酒店的露天休闲区，想在蒸完桑拿后呼吸下新鲜空气。不远处有两位穿着浴袍的男士，我

> 一心二用的交流是低质量的交流。

无意间听到了他们滑稽的对话。其中一位自豪地向另一位描述自己现在是如何按照一种所谓的"艾森豪威尔法则"合理且有效地管理时间的。他说所有任务都要按照轻重缓急进行分类，实际上最占用我们时间的是所谓的 C 类任务，也就是日常生活中虽然紧急但不是很重要的那类任务，比如惯常要做的事情或者是回复电子邮件等。重要的是对它们进行合理安排，尽可能安排在一起，快速完成。他说自己现在会在傍晚时分一边和他的女朋友露西亚打电话一边处理这些事务。"你知道的，很多女人都那样，不停地说说说，那我就偶尔说几句'对啊''嗯……''有意思……''真的吗？'之类的话，同时处理 C 类任务。"他看起来的确对此感到十分自豪。

"顺便"交流！听到这个的时候，我内心感到有些恼火，不知道这个露西亚在打这些电话的时候会有怎样的感受？我决定把这个故事写进我的书里进行分析。

第 8 章　沟通中的专注力

一心二用就是没有用心

情况1：一心二用地打电话，没有关注谈话场景。

日常生活中常常发生这样的情况。两天后的一个晚上我坐在电脑前，手机响起的时候，我正准备预订机票。手机那头是已经读大学的女儿，她问："爸爸，有时间吗？我有些事要跟你说。"我回答道（这时我犯了第一个错误）："好啊，说吧！"（而不是说："现在不行，我五分钟后打给你。"）然后在她讲述的时候我还在继续订着机票，否则一会儿我又要重复一遍整个过程。当我终于订完机票时，我听到她问："爸爸，你觉得我的想法如何？"我必须承认，我不知道她刚刚对我说了什么，刚才我的思维不在她这儿，而是在订机票这件事上。多么尴尬！我不假思索地回答道（这是第二个错误）："我觉得很好啊！""太好了！"女儿在电话那头说道，"那你什么时候给我转这570欧元？"到这儿我必须说实话了，我不能只付钱，最起码我要知道我的钱用到了哪里。

从根本上看，我下意识地做了和那位在休闲区惹恼我的先生一样的事情：一心二用，没有将注意力集中在我的通话对象上。

思考 你也有这样的经历吗？你上一次碰到这样的情况是什么时候？

_____

_____

_____

专注力：如何高效做事

情况2：一心二用地打电话，没有注意场合和在场的人。

下面这个反过来的例子也一样：多年前，我的儿子达里奥三岁的时候，有一天晚上我在和他一起搭积木，这时我的手机响了。打电话的是一个重要的客户，要和我谈一个大项目，我轻声示意达里奥："很快，你自己接着玩儿！重要的电话！"好像这么小的孩子可以理解似的！几分钟过后，在我打电话的时候他变得急躁起来，扯着我。我又指了指手机，捂住手机悄声说："马上，真的很重要！"但是没用，他开始哭，我只能对客户说过会儿再给他打过去。我有点儿生气地对儿子说："哭什么，爸爸不是在这儿吗？""不在，爸爸不在！"这时候我才慢慢明白，他说得很对，我的躯体或许是在他身旁陪着他，但我的思想不是，它在别的地方！不久前，美国印第安纳大学的认知科学研究人员在一项研究中发现：家长在陪孩子玩儿的时候因为手机分神会影响孩子们的专注力。长此以往，这种行为会损害孩子们的专注能力。

你在哪儿

或者应该说得更具体一点：你的心到底在哪儿？既不在这儿（正在做的事情或者正和你在一起的人），也不在那儿（正和你打电话的人），或者既在这儿又在那儿是不可能的（正如第1章中多任务处理所述）。观察一下机场、汽车站或者地铁上盯着智能手机屏幕、用手机聊天或是打电话的人：他们的心很少在身体所在的地方。身体在这里，心却在那里……或者完全心不在焉。

一边打电话一边开车的危险在第1章已经详述过了。在那种情况下，注意力首先集中在交谈的对象身上，

> 开车时手握方向盘，而不是握着手机。

而不是驾驶本身，司机很容易忽略突然出现的行人或者刚刚超车的车辆。不久前我开车从慕尼黑去柏林，当时我正在用手机免提和一个同事讨论市场营销活动。高速公路上的车不多，当我行驶到纽伦堡附近时，意识到前方就是进入柏林的入口，可我正在专注地打电话，所以必须冒险紧急减速，才勉强从快车道换到右边到达匝道。真是危险！我很少能这么真实地感受到开车打电话会如此分神。

为什么我明明知道自己大脑中发生了什么，知道这件事有多危险，既在我的报告中讲到了又在书中写到了，但还是会做这样的事？只是因为别人都这样做或者因为我自己也常这样做吗？如果你也常这样做或者认为必须这样做的话，那请你意识到，你没有全神贯注于此时此地，你的关注点是在远处，在你的通话对象那里。有时可能也不是完全集中在通话上，因为眼前的交通状况也要求你集中注意力，接着你会"很奇怪地"想不起来自己刚刚在电话中说了什么。实际上你既不在这儿也不在那儿！当我在车里给我的妻子打电话，想和她说一点重要的事情时，我常听她说道："亲爱的，请你到了再给我打电话，

这样我至少知道我说话的时候你在听！"她说得很对。同样地，我也不愿意在和她通话的时候听到她在厨房忙碌的声音，还有"我们女人和你们男人不同的是我们更能一心多用"这样的借口。现在她已经不用这个借口了。

> **思考** 你也经常在开车的时候打电话吗？你曾因此遇到过危险吗？或者你曾经在通话时因为注意路况忘记电话的内容吗？

请你仔细想想是否能一心二用地打电话或一心二用地工作或开车。两件事中总有一件事会做不好：要么沟通或者工作受阻，要么你和你的车停在半路上（在最坏的情况下）。

糟糕的部分注意力

电影《社交网络》（*The Social Network*）中有一个关键场景，杰西·艾森伯格（Jesse Eisenberg）饰演的 Facebook 创始人扎克伯格因一件涉及高达几亿美元的案件接受审理，在律师询问过程中，扎克伯格只是没什么反应地看向窗外，在笔记本上写画着什么。"扎克伯格先生，你现在是集中了全部注意力吗？""没有。""你认为我值得你全部的注意力吗？"律师追问道。"我给了你必需的最少量的注意力。"——他剩下的注意力在别的地方，在那些更加重要的事情上。

"必需的最少量的注意力",或者像丹尼尔·戈尔曼描述的那样:精力不集中的人处在一种"持续部分专注"的状态中。完全的、集中的注意力总是比较少见也因此更宝贵。可见,汉斯·马格努斯·恩森斯伯格(Hans Magnus Enzensberger)不是平白无故地在他的文章中将集中的注意力称为"未来的奢侈品"。

餐厅、酒吧和咖啡馆非常适合观察"不在场的交流"这一现象。常有情侣坐在一起,两个人都沉浸在各自的手机中,他们的交流对象不是彼此,而是不在场的人。或者在他们互相交流的过程中,有一个人的手机响了,我们极其偶尔能看到他抱歉的眼神,听到"哦,对不起,很快,很重要"这样的话。相反,他直接开始打电话,将关注点转移到别处去,把另一个晾在一边。接电话的人总是可能会不慌不忙地打上10到15分钟的电话。

这时,被晾在一旁的人会觉得"pizzeld"(不知所措)。这个词在大约10年前从英语中传过来,由"pissed"(受侮辱的)和"puzzeld"(困惑的)组合而成,用来描述对面的某人突然拿出电话开始和看不到的第三个人进行通话时,人们常有的一种感觉。10年前或许很多人会在这种情况下觉得生气或受伤,这样的行为也可能会被看作不尊重人、不得体的。可是现在呢?这似乎成了司空见惯的事,以至于几乎没有人敢去抗议,就算他或她可能也觉得不知所措。

思考 你在和对面的人交谈时多久会打开一次手机？你会因为有人给你打电话而结束和别人的交谈多久？

可能你会问：我们该怎么做？怎么才能有所改变？虽然时间无法倒回，以卫道士的姿态去评论这种行为是不尊重人的也无济于事，但你可以选择下面的具体方法：

- 在交谈中干脆不要带手机或者至少将它调到静音模式；
- 在聊天时不要查看每条收到的消息，在紧急情况下你可以离开几分钟，去洗手间快速地回复；
- 一定要告诉对面的人，为什么我在这种紧急情况下要开着手机或者必须打电话（比如孩子正在外地旅行，维修师傅需要和你联系，在办公室有留言说在紧急情况下可以随时联系自己）。

我们无法影响别人的行为，但可以在某些时候调整自己的行为，比如在一开始见面时，我们就说："好了，为了让我们可以不被打扰地聊天，我现在关掉手机了。"这样的行为也会"传染"给对方。

现在很多企业禁止员工在开会时携带手机，这不是没有道理的，不然开会的时候即使员工坐在会议桌旁，思想也不知道跑到哪里去了。这样，他既不能跟上会议的节奏也无法做出什么贡献。

在私人生活中也可以制定这样的规则：我的一对情侣朋友发明了一种治愈性仪式：每天把两个人的手机放进大门口衣帽间的盒子里至少一次，每次至少一个小时。这样他们可以给予对方更多的关注，可以不被打扰地与彼此交流。这个盒子的创意被他们幽默地看作"自律手段"，否则诱惑实在太大了，他们会忍不住想看一眼有谁刚刚联系过他们。这个方法看来对他们是有用的。

我在哪儿？你又在哪儿

关于这个问题还有一点要分清：在谈话中，我和我的注意力在哪儿？我是仅仅集中在这件事情上还是也关注了我的谈话对象？

许多人在工作交流中大部分时间都将注意力集中在事情的结果上，很少关注其他人的感觉以及各种非语言信号。在专业商务谈判中，同时注意别人的面部表情和肢体语言也是很有必要的。如何才能看出对话进行到某个地方时，我对面的人内心是拒绝、同意还是认为自己的话别人听懂了？

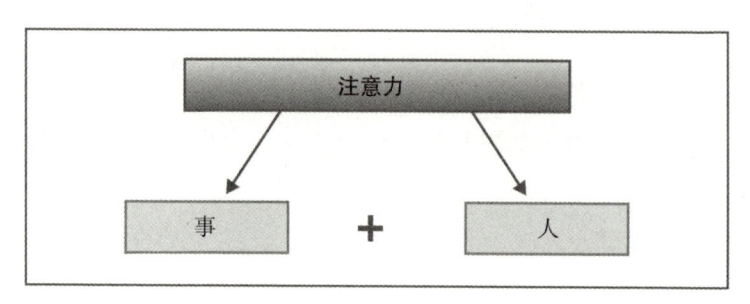

```
        注意力
       ↙    ↘
      事  +  人
```

可以很好进行谈判、引导和说服的人通常拥有同时兼顾事情和交流对象的能力。这是专业人士强大的关注力，和多任务处理没有关系。演讲的时候，站在舞台上的我必须一直把注意力放在听众身上，而不是只集中在我要讲的东西上，就像作为教练的我也要观察学员的非语言信号一样，只有这样，我才能感受到什么时候可能会出现隐藏的恐惧、犹豫或者抵触，或者什么时候面部表情呈现出的是赞同与坚决。你可能已经注意到了，这最适用于面对面的私人谈话。

同样，打电话的声音也能透露出很多信息。如果仔细听的话，我们能从电话中听出对方是同意还是犹豫，是怀疑还是高兴。我的书桌上放着一尊小小的佛像，佛像的手势一直提醒我集中注意力。在进行重要的通话前，我都会把它放到我的面前，提醒我："不要只想着你要说什么和要达到什么目的，也要注意和你通话的人。"你不要因为我在这里写了这些话，并且我自己很确信这一点，就以为我每次都能做得到，但只要我做到了，谈话就一定更顺畅。

想让重要的谈话更顺畅，并取得建设性的成果，那么让谈话对象感到自己的话被听懂了是很重要的。理解别人，并不是必须放弃自己的观点，我也可以在"他的世界"通过他的论据、感受和反应理解他，同时又在"我的世界"有不同的观点。但这样就必须找一个折中的解决方法，而前提是让其他人感受到自己被理解。

```
        ┌─────────────┐
        │     理解     │
        └─────────────┘
          ↙         ↘
    ┌────────┐   ┌────────┐
    │  信息  │ + │  感觉  │
    └────────┘   └────────┘
```

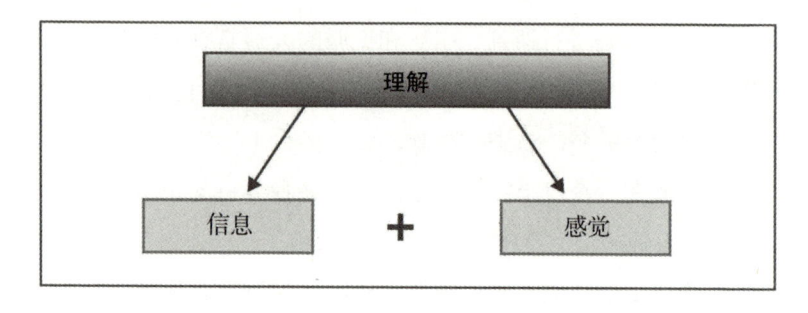

我们常常意识不到人有多么渴望被理解，这有时甚至比证明自己正确的需求还强烈。但是，向别人可靠地传达他可以被理解的前提是认真倾听，或者更好的办法是，用心倾听他所说的话。向他表示你在认真倾听的最好办法就是用自己的话把他所说的内容快速（总结性）地重复一遍。也可以是以提问的方式："我理解对了吗，你刚刚说……""对，就是这样！""那我完全能理解你为什么生气了！"

准确地说这应该是双重的被理解的感觉。在事情层面，对方感受到自己所说的被理解了，同时他的感觉（至少同样重要）也是如此：他的不悦、失望、沮丧甚至愤怒也被理解了。寻找所讨论事情的解决办法之前，重要的第一步是要向对方传达一个信息：自己已经理解了他所说的话（理性），也可以理解他的情绪（感性）。在切入正题前，首先将注意力集中在"理解"上是很有必要的，也就是说，在谈话中除了事情之外，还要注意：

■ 谈话对象以及他的非语言信号；
■ 他说的内容；

- 他的感受；

  并向他传达：

- （理性上）理解他；
- （感性上）也可以理解他。

  接着再请你集中到解决方法上！

> **思考** 对此你怎么想？你能很容易地对别人的处境和想法给予理解吗，即使与你的完全相反？熟人或朋友间的对话是不是更容易成功实现理解？

专注地争吵

在争论、冲突和争吵中，起决定性作用的是内心聚焦在哪里：是一个友好的结果还是谁对谁错？为了获得别人的认可或证明自己是对的，我们消耗了多少精力，无谓地搞砸了多少事情。用伟大的沟通专家和"非暴力沟通"的发明人马歇尔·卢森堡（Marshall B. Rosenberg）的话来说："你想要的是一个友好、幸福的结果还是证明自己是对的？——两样都行不通。"可行的解决方法的秘诀在于三重理解之中：

1. 感受并理解在我身上发生了什么，理解为什么别人的行为或表达让我觉得如此不快或被刺痛。别人可能点燃了我的怒火，但症结在我本身或我的过去；

2.尝试在"他人的世界"（以他人的方式、他人的价值、他人对事情的看法）理解他人，领会为什么他可能这样做而不是那样做。这需要（在情感上很难做到的）尝试站在别人的立场上，试着在"他人的世界"换位思考；

3.如果你能（不通过指责和责怪的方式）和对方交流在你身上所发生的事情，对方或许也会向你展示对你的理解。

如果能够让拥有不同意见的双方可以互相理解，领会为什么彼此在自己的世界感到不快，那共同协商解决方法就不再困难。相反，如果没有相互理解的话，距离找到解决方法就还有很长的路要走。

此外，在与别人交流时重要的一点是，我关注的是这个人的哪一方面，我首先关注的是他表面上的"1个错误"（他惹恼我的事情）还是也看到了他的"9个正确"，也就是这个人其他积极的方面和特点（如果你还没阅读这部分，请阅读第7章）。对于无论在职场还是在私人交往中都很常见的批评谈话，如果在事前有意识地想到"9个正确"，也就是谈话对象积极的方面，那会非常有利于谈话的进行，也会改善谈话的气氛。如果你在谈话开始可以简单地提一下这些积极方面，那么对方可能会更乐意接受你建设性的批评。

> 换位思考，理解他人是一种伟大的艺术。

也就是说在交流中，将注意力集中在"9个正确"，然后才是"1个错误"上的方法同样适用。

说了这么多关于如何与别人进行交流的问题，最后还有两个小贴士，告诉你如何使交流的内容变得集中：即你与谁在交流什么。

> **小贴士**
>
> 1. 试着将注意力集中在最重要的事情上，避免不必要的跑题，它们只会让谈话混乱并浪费时间。对一件事了解得越多，控制在必要的事情上、找准事情的中心就越是一门伟大的艺术。减少冗余。
>
> 2. 不断思考：在生活中，我会将交流对象集中在哪些朋友或熟人身上？集中在许多（常是陌生的）在 Facebook 或 Twitter 上虚拟的人，还是现实中我直接对话、见面或拜访的人？在网络上获得上千个"赞"，拥有无数的好友或许会让人感到新鲜，但面对孤独或现实的忧虑和问题时，大部分时候能帮助我们的只有少数的现实生活中的朋友，我们可以向他们展示自我，不管是光明还是阴暗的一面，但其他人很快就会消失不见，或是消失在网络中。如今，Twitter、邮件、网络推文和点赞似乎让我们直接交流与对话的能力渐渐荒废，这样下去的结果是日益严重的自我封闭和孤独感。我们为数字世界中难以控制的联系付出了代价，那就是我们与现实生活中真正的人相处的时间越来越少。这并不是反对虚拟网络中的友情，但请你一直要关注那几个真正的朋友。

CONCLUSION

1. 情况1：一心二用地打电话，没有关注谈话场景。
2. 情况2：一心二用地打电话，没有注意场合和在场的人。
3. 通话中重要的是："我在哪儿？"——我在这儿还是在通话对象那里？
4. 有时，我们处在一种持续的"部分注意力"的状态下——集中的注意力因此成了"未来的奢侈品"。
5. 同在场的人交谈时接电话或打电话都是一种"思想退出"，会令很多人感到不被尊重。
6. 去餐厅或者参加会议时，最好将手机关机或者调至静音，在紧急情况下，快去快回。
7. 在交谈时不要只关注事情，也要关注谈话对象。
8. 成功交流的前提是让对方感到被理解，不仅是对他发出的信息，也是对他的感受。
9. 关注友好和谐的解决办法通常比证明自己是对的更重要。
10. 争吵时的伟大艺术是：（1）感受在我身上发生了什么；（2）尝试理解对方和（3）除了争执点也要想到"9个正确"。

第 9 章
摆脱新媒体对专注力的伤害

Konzentration:

Wie wir lernen, wieder ganz
bei der Sache zu sein

如今,数字媒体似乎掌控着我们的生活,令很多人陷入了"数字疲劳"。

《预测：数字疲劳》（*Diagnose：Digitaler Burnout*）是2016年4月23日《焦点》（*Focus*）杂志上一篇文章的标题。也就是在说随时随地可以联络到、可以查看邮件和网络推文、可以马上回应收到的消息的"超联通性"，即生活成了"无休止地接收信息"。如今，"我们控制着媒体"似乎已经成为幻想，事实上是媒体在控制我们——它们掌控了我们的生活。

思考 你觉得如何？你控制着自己的数字媒体吗？或者你常感觉到被它们掌控吗？

我们每天都要消耗若干个小时在各种电子屏幕和其他小型便携设备上，如台式电脑、笔记本电脑、平板电脑、智能手机，还有最新的智能手表——别忘了还有电视，目前以"智能电视"形象出现的它们已经是无所不能。我们通过手机获取最新资讯，通过吸引人的电脑游戏逃向虚拟的现实，通过电子邮件、Facebook 和 Twitter 与真实的或虚拟的"朋友"进行工作或私人交流，将互联网的无限可能分享在我们的主页上：我们在哪儿，我们在干什么，我们这儿有什么吃的。

美国物理学家威廉·辛吉勃森（William Higginbotham）估计想象不到，他的发明会带来怎样一场雪崩似的变化。1958年，他通过模拟电脑和示波器发明了第一款电脑游戏，看起来差不多是这样的：

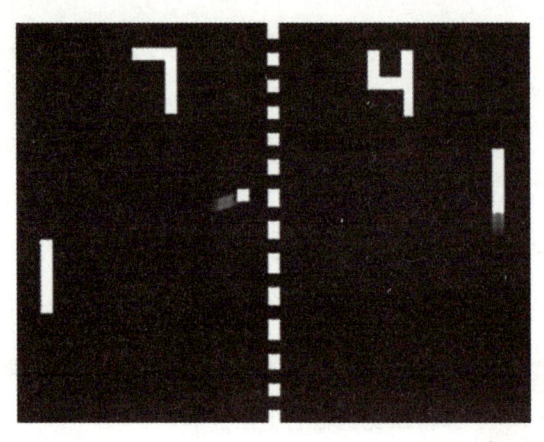

来源：https://de.wikipedia.org/wiki/Geschichte_der_Videospiele, 2016.01.30, Owltom, 维基百科德国站

哦，对了，这个游戏中模拟的是网球。

这款游戏和现在玩家所习惯的网络游戏是不一样的，但带来的结果没有变：不论以前还是现在，游戏玩家如痴如醉地在电脑前一坐就是几个小时，完全沉浸在游戏中，失去了时间、饥饿和口渴的感觉，甚至"忘了"睡觉。

我们是不是真的上瘾了，是不是真的戒不掉这些新媒体了？根据 Yahoo-Touch 公司 2015 年的一项研究，全球有超过

2.8 亿手机依赖症患者。根据最新报道，德国的"问题用户"也有数百万之多。柏林洪堡大学的一项研究显示，智能手机平均每天被激活 63 次，人们每天有三分之一的时间是被这样消耗掉的，而这个数字还在不断增加，这时我们自然会问：人每天可以承受多久的上网时间？这会造成什么后果？

在心理学家延斯·科尔森（Jens Corssen）看来，"手机带来的幸福毁了我们生活中真正的幸福"。真实的幸福感是一种"克服困难后的奖赏"，是因为人们通过自己的努力实现了某些目标，但手机带来的幸福感恰恰相反，它将提供的奖励分成一个个小的单元，使之得来毫不费力，并且转瞬即逝。"赞"是社交媒体的流通货币，醉心于获得更多的"赞"，会导致很多人用虚拟的交流替代真实的交流，长此以往会让我们患得患失并感到不幸福。

此外，持续的干扰还不利于我们的工作效率，并且带来压力，严重的时候还会导致数字疲劳——损害我们的专注力。

新媒体——福兮祸兮

让我们进一步看看新媒体和专注力之间的相互影响。关于这个话题的讨论常常无法摆脱主观因素的影响，这时就要借助一些可靠的事实数据。而事实是，有非常清楚

> 新媒体对专注力的影响——有好有坏。

第 9 章 摆脱新媒体对专注力的伤害

的迹象表明，所有新媒体都对专注力有影响，其中有积极的影响，也有消极的影响。

其一，为了维护我们建立起来的虚拟关系，我们需要不断地上传新内容、更新自己的近况。这会产生很奇怪的后果，因为我们被迫不断更新的时候是处于一种分裂状态的：我们在某个地方，甚至是跟其他人在一起，同时又要向大家报告我们在做什么。我们表演着，展示着自己最理想的行为状态，在现实和虚拟世界之间来回转换，在不同的层面上跳来跳去。这会造成我们无法完全投入当时环境，并最终损害我们的专注力。

其二，教师们早已观察到人类核心思维能力的缺失，并将原因归结于越来越被频繁使用的新媒体。比如阅读，它是一个复杂的过程，不仅仅由"读"组成，还包括对所读的东西进行归类，而且这才是阅读的真正作用（特别是为了学习而读书的时候）。大脑创造了一种运作模式，会吸收新的内容并将其与已知的内容联系起来。但近年来，学生们阅读较长文章、理解文章、对其进行归类并得出结论的能力似乎在逐渐下降，这和网络的特性有关，其信息模式与我们的阅读模式完全相反。网络上的信息传递模式是通过密集的文章、图片、音频、视频等之间的频繁转换，从一个链接到另一个链接，这与深入、专注地研究一个主题是不一样的。这样看来，近年来在中小学、大学和职场中开始得到应用的基于网络的教学模式，从提高专注力的角度来看是存在一定问题的：这些模式本身就带有中断机制，我们不妨将其称为"互联网——自带干扰作用的信息传递模式"。

> **思考** 你一年大概读几本书？你每周有多少时间用于阅读？
> _____
> _____

玩游戏的人

许多关于现代媒体是好是坏的争执聚焦在电脑游戏上。大量研究聚焦在这项价值数十亿欧元的休闲产业的积极与消极机制上，但却并没有让问题变得清晰起来。名声不好的电脑游戏主要是纯动作类游戏或"杀人游戏"，在这些游戏中玩家要通过不断消灭敌人尽可能久地活下去，这对智力不构成挑战，对教育也没有什么好处。类似的还有一些常见的汽车或摩托车赛车游戏（也涉及使用暴力）。但研究显示，这些有争议的游戏类型也可以带来积极的效果，包括：

- 提高视觉集中力和空间感；
- 提高信息处理速度并因此提高决断速度；
- 提高追踪事物的能力；
- 能够更快地在不同的脑力活动之间转换；
- 个别时候可提高对数据的估算能力。

第9章 摆脱新媒体对专注力的伤害

总体来说，玩电脑游戏时需要长时间关注同一个目标提高了专注力，会对干扰形成更强的抵抗力，会对让人分神的事物免疫，会提高自我控制能力，类似于专注力训练所

> 电脑游戏可以训练自我调控机制。

得到的结果。因此，从专注力的必要条件之一（抗干扰）来看它是积极的。但遗憾的是，游戏也有消极的一面，通过这些游戏提高的专注力不是放在持续发展变化的信息内容上，而是基于对不断变化的事情做出的反应，这会让我们感到疲劳而不是放松。电脑游戏中有大量小规模的刺激，会使肾上腺素和多巴胺瞬间分泌，诱使玩家为了不错过任何一个刺激，专注地在游戏中不断玩下去。玩家不是自主行动，而是处在外界的控制下。莱比锡的哲学家克里斯托弗·托克（Christoph Türcke）认为我们的日常生活也处在这种控制之下，他将其称为"猛推一把"，这种打断不断反复，控制着我们的日常生活。我们也试着控制它们，方法是更加专注地等着下一次被"猛推一把"，然后做出相应的对策。就像一部让人目不暇接的动作片一样，我们必须高度集中才能做出正确的反应。电脑游戏没有起到专注行为所带来的放松效果，因为我们必须适应每分钟都在发生变化的外部环境，这恰好与专注行为想要达到的效果相反。

电脑游戏或许能促进并提高反应能力，但它们不会提高长时间、自主地专注于同一件事情的能力。但是有许多研究者也开始将电脑游戏有目的地用于治疗，他们所取得的研究成果

或许也能够市场化。例如，现在有一些设计简单的游戏被用于治疗自闭症的孩子；有注意缺陷障碍的儿童和青少年也可以从这样的训练中受益，他们要在一定时间内完成游戏中设置的任务，要不被打扰地集中在一件事情上，以此训练他们的自控力。不只是儿童，上了年纪的人也能通过电脑游戏进行练习，比如记忆力衰退或患有老年痴呆症的人。但是想要人们在这类游戏的研发与编程上的投入能够与那些特别挣钱的动作类游戏相提并论，还得等很久（如果真能有那么一天的话）。

> **思考** 你每周玩多长时间电脑游戏？你能否证明上述内容的真实性，或者你的情况与上述内容有何不同？

_____

_____

_____

聪明地运用媒体

想要给一个如何使用新媒体的万能建议几乎是不可能的。个人对媒体的使用大不相同，每个人的工作与生活环境也非常特别，但有一点是可以肯定的：完全放弃使用媒体在现实生活中是不可能的，因为没人真的想要或者能够放弃智能手机之类的媒体每天为我们带来的好处与便利。但面对新媒体，我们也不是无能为力，我们可以（再次）学习如何不使它们损害专注力，学习合理地使用它们，掌控它们，而不是被它们掌控。

清楚地了解

首先需要了解并意识到新媒体的风险和负面作用，通过阅读这一部分，你已经能够了解到一些。

明白地使用

言简意赅的说，就是先动脑子，再动手机（或者游戏机和其他各种新媒体）。在我们抱怨手机和它的中断逻辑毁灭了我们的专注力时，也要意识到导致专注力消失的原因可能是我们毫无反抗、毫无保留地把自己交给了手机。清晨六点，手机的闹钟功能叫醒我们，睡眼惺忪中我们第一眼看的是手机的状态栏：三条新信息、七封新邮件。有些人甚至在半夜听到手机铃声也会立刻接听。我们不必这样！

毋庸置疑的是，新媒体会为我们的日常生活带来便利，减轻我们的工作，提供消遣娱乐，甚至像上文中对电脑游戏部分的描述，在一定程度上还能够提高我们的专注力（前提是我们在使用的时候心里要明明白白的）。但我们也要弄清楚一点：我们可以自己决定如何使用它们，也可以决定将它们关闭，并且可以考虑是否以及什么时候打开它们。

做减法

降低使用的频率——并不是说完全放弃，而是进行偶尔的限制。美国心理学家和社会学家雪莉·特克尔（Sherry Turkle）提到了"无手机区"：在吃饭的区域（特别是在餐桌旁）和厨房里。同样，（家里的）工作区域也可以成为"无媒体区"——可能每天只需要半个或一个小时。如果能看到在一段时间内完全不被打扰，不查看Facebook的状态栏、没有邮件、没有短信、没有电话打扰的情况下，我们能完成多少事情，那我们或许就会反复采用这种简单的方法提高自己的专注力。

> 偶尔关闭新媒体会促进专注力。

但在职场上，老板对于这种"无手机区"所持的态度是非常重要的。有些企业把"随时可以联络得到"看作企业的经营理念并通过回复邮件的速度测评工作质量，这种方法对企业没有什么好处，就像雪莉·特克尔所说，"什么都干不成了"。但令人感到庆幸的是，现在有越来越多的企业意识到了专注工作的重要性。

接下来有一个对很多人来说难度一定相当大的挑战：较长一段时间不使用手机，几天甚至一周。有意思的是，这股"数字排毒"风潮恰恰来自美国加利福尼亚州的硅谷。在户外营地参加禁欲疗法的人必须交出全部数字设备，在德国也有这种活动，比如在莱茵兰-普法尔茨州的哈夫特霍夫修道院，其组织活动目的就是要培养这种意识。

第9章 摆脱新媒体对专注力的伤害

度假时也非常适合进行这样的挑战。刚开始的几天，很多人可能会感到无法承受的焦虑。我们习惯了通过查看实时的网络推文、点开某个视频、不断在电视机前换台来打发无聊的时间。学习如何填补这段缺少动力的空缺，甚至是富有创意地利用这段时间是一个漫长的过程，它不是只对儿童来说非常困难，成人亦如此。就算这段无媒体时间最后让我们得出的结论是我们不可能完全离开它们，但对很多人来说，哪怕只是意识到我们对新媒体的依赖不像自己想象的那样无法控制也很有意义。对新媒体的使用完全是能够缩减的，我们可以用因此节省下来的时间来做其他有价值的事情。

下边七条建议可以帮助你摆脱媒体的控制：

1. 抽出一段时间远离媒体，设置"无手机区"（最重要的是睡觉时切断与媒体的联系）；

2. 每天只查看3～4次邮件；

3. 在谈话中把手机调到震动或者关机；

4. 清理屏幕，删除不是真正需要的应用程序；

5. 在进行时间管理时用手表而不是手机；

6. 记录你在数字媒体上用的时间；

7. 偶尔进行"数字禁欲治疗"，进行"数字排毒"。

> **思考** 你每天都有远离媒体的时间吗？几个小时？在你家里有"无媒体区"吗？在哪里？你是否可以度过一段较长的"无媒体"时间？一年多少天？

_____

_____

_____

在孩子的教育方面，雪莉·特克尔指出了另一个重要问题：在父母和孩子之间，过度使用新媒体的问题常常不出现在孩子身上。"事实上，大部分问题由父母造成。"雪莉·特克尔说道。父母手中常紧握媒体设备，这让父母与孩子之间无法进行交流。父母不放下手机，只通过禁止孩子们使用新媒体进行教育的方法似乎没什么作用。这类对儿童的"禁令"没什么意义。禁止使用新媒体会妨碍孩子们使用媒体能力的发展，也会妨碍他们学习如何负责任地使用新媒体。正如教育孩子时的大部分"禁令一样"：你无法长期禁止孩子们使用新媒体（除非你让你的孩子在偏远山区长大），被禁止的事情常常会有格外大的吸引力，因此儿童心理学家建议：

1. 注意你的孩子玩的是什么游戏，特别是游戏的适用年龄；

2. 了解孩子玩的游戏，最好和他们一起玩，这样才能跟他们有话可说；

3. 以身作则，展示怎样理智地使用新媒体。在特定的时间关闭手机，重要的是，不要让媒体妨碍或打断你与孩子的交流，孩子有优先权；

4. 以内容而不是时间为单位控制孩子的游戏时间：让孩子在完成一个特定的任务后结束游戏（就像在阅读时我们更愿意在看完一章后结束，而不是停在一句话的中间）；

5. 提防由电视、电脑、游戏机组成的"媒体拼盘"，当然也包括阅读和现实的游戏。

CONCLUSION

1. 目前数字媒体似乎掌控了我们的生活，超联通性与随时可以联络得到导致的后果令很多人陷入了"数字疲劳"中。

2. 目前在德国也有数百万对手机上瘾的人和问题用户，他们平均每天有三个小时荒废在手机上。

3. 不断被打扰会降低我们的专注力。手机带来的短暂幸福似乎损害了我们真正的幸福。

4. 不断在现实与虚拟世界中来来回回会使我们无法全身心投入。

5. 在中小学生中，阅读较长的文章等核心思维能力在不断降低。互联网固有的中断与干扰效果与专注的学习是相对立的。

6. 电脑游戏虽然会提高视觉注意力、决断速度和精神活动之间的转换能力，但是它并不会提高集中在某件事情上的能力。

7. 电脑游戏提高的专注力是基于对不断变化的事情做出的反应而产生的，并不是集中到持续发展变化的信息上面的专注力。

8. 有些电脑游戏可用于治疗患有自闭症或注意缺陷障碍的孩子以及记忆力衰退或老年痴呆的老人。

9. 为了合理使用新媒体，重要的是：

（1）了解它们的危险和负面作用；

（2）明明白白地使用它们；

（3）减少对它们的使用。

10. 有效的措施是设置无媒体时间和区域，每天只查看3~4次邮件，可能的话进行"数字禁欲治疗"。

11. 注意你的孩子在玩什么游戏，和他们一起玩，限制游戏时间，但最重要的是要以身作则，展示如何理智地使用新媒体。

第 10 章
专注力的灵丹妙药

Konzentration:
Wie wir lernen, wieder ganz bei der Sache zu sein

哌醋甲酯和莫达非尼或许可以用来改善专注力。

科琳娜早上走进厨房时，她的合租室友迈克尔马上看出她今天有点不对劲儿——脸色苍白、带着黑眼圈、非常焦虑地摆弄着咖啡机。"嗨，你怎么了？"迈克尔惊讶地问道。她耸了耸肩，几乎有些绝望地看着迈克尔说今天她有毕业考试，这场考试对她非常重要（这些迈克尔是知道的），但是她昨天跟妈妈大吵了一架，结果一晚上都没睡着，现在她真的完了，累得要死，根本不知道要怎样打起精神应付四个小时的考试。"我肯定做不到，我真的只想睡觉！"迈克尔又看了看她，犹豫了一会儿，然后从厨房柜子的一格中拿出了一个银色的盒子，给了她一片药，说："药效只有一天，很管用也没有副作用。吃了它今天在考试的时候就能保持清醒，也能完全集中精神了！"确实，没过多久科琳娜就觉得又精力充沛了，可以清醒专注地在纸上写出自己的答案。"早上那是什么？"科琳娜晚上问迈克尔。"大脑兴奋剂，但是完全合法也完全无害！"

思考 你是否也曾吞下让自己更加有活力、更加集中注意力工作的药片？或者至少有过拥有这样一剂灵丹妙药的愿望。

第 10 章 专注力的灵丹妙药

合法的大脑兴奋剂

虚构还是现实？危险还是无害？所谓的"大脑兴奋剂"这个越来越常出现的、含义模糊的概念到底指什么？真有能让人专注的药吗？

首先，我们似乎应该放弃"大脑兴奋剂"这个说法，因为在体育界，兴奋剂会让人产生负面联想，涉及违禁药品的使用。不过，身体健康的人通过服用特定的药品提神醒脑是被允许的，专业领域对此有中性的表达，即"神经促进剂"，或者干脆只说是提高专注力的药品。

近年来这种药品的使用明显有所增加，主要使用者是职场的上班族和在考试阶段的大学生。根据德国 DAK 保险公司 2015 年春天的一项研究，约有 300 万德国的上班族在服用这类药品，20% 受访的大学生表示使用过这种药品。在美国甚至有超过 25% 的大学生使用这种药品来提高大脑的工作效率。不过，统计数据对你而言或许没什么意义，最关键的是下面这三个问题：这是一种怎样的药物，它是如何起作用的以及会带来什么样的风险。

选择与结果

这类药品中的有效成分基本上是两种物质或药剂：一个

是哌醋甲酯（治疗注意缺陷多动障碍的药物利他林的有效成分）和莫达非尼（用于抑郁症患者、发作性嗜睡病的药物）。

- 经证实，利他林能够帮助患有注意缺陷多动障碍的儿童提高专注力，但对于身体健康、在集中精神方面通常没有困难的人群来说，它是否真的可以提高工作效率还有待研究。柏林夏洛特医科大学精神病学与精神疗法学院院长伊莎贝拉·霍伊泽尔（Isabella Heuser）表示，利他林对健康人群也可以起到暂时提高专注力的作用，但是对提高效率没有显著效果。少数迹象表明它可以改善工作时的记忆。至少很多实验参与者都自认为他们的认知能力有明显提高。该药品的作用主要是促进大脑中的信使多巴胺的分泌，以此让大脑变得更加活跃。

- 莫达非尼1992年进入欧洲市场，在医学中用于治疗嗜睡疾病（发作性嗜睡病）。很久之前就有健康人群服用它，他们表示在服用后会感到更加清醒、高效和专注。不久前，专业杂志《欧洲神经精神药理学》（European Neuropsychopharmacology）上公布了来自牛津大学的神经学家瑞埃瑞迪·巴特岱（Ruairidh Battleday）和哈佛大学医学院的安娜-卡瑟琳娜·布雷姆（Anna-Katharine Brem）进行的一项综合研究。研究表明，莫达非尼能够提高参与测试者的战略性思考能力和决断力。任务越复杂，它的效果就越明显。但研究者也强调说他们在两点上持保留态度：一是莫达非尼对本身就非常聪明、容易集中注意力的人来说几乎不起作用；二是它所改善的主要是所谓的聚合思维,聚合思维主要用于得出逻辑性、理性的结论。相反,分散性、创造性、灵活性思维并没有得到改善。相较于创新性和其他创造性项目,莫达非尼对于法律、数学和金融工作更有效。它的作用机制主要基于通过影响睡眠调节的食欲素来抑制人的睡眠需求(对健康人群也是),此外它似乎也有促进多巴胺分泌、激活大脑奖赏机制的功效。

可以提高效率的药品	
利他林	莫达非尼
又称:哌醋甲酯 最初用途:治疗注意缺陷多动障碍	又称:莫达非尼片 最初用途:治疗发作性嗜睡病
作用机制:增强脑中多巴胺的作用,激活大脑	作用机制:影响食欲素,增强多巴胺在大脑中的作用
对健康人群的作用 ■ 暂时提高专注力 ■ 主观地提高工作效率	对健康人群的作用 ■ 更加清醒 ■ 更加有效率 ■ 更加专注 ■ 改善聚合思维,对发散思维没有效果
需持医嘱	每20片约60欧元

目前,这两种药物对人体的毒副作用尚不明确,同样,对这两种药物产生依赖的风险似乎也很低(与另一种神经促进剂尼古丁不同)。

结论：目前在特定的情况下可以通过药物提高人的专注力。如果你打算这样做的话，那就请像对待其他药物一样（这话你肯定在电视广告里见过）：药物风险和副作用请咨询医生和药剂师。此外，你还需要考虑以下几点。

- 对于长期服用这种药物的影响和副作用还没有最终的研究结果。
- 这种药剂是为患病人群研发并使用的，它要为病人创造一个正常的身体状态，而对健康人群来说，它的使用会造成非正常的状态，因此应限制使用，在特别严重（非正常的）的情况下才可服用。
- 此外，许多科学家认为服用这类药物存在风险，因为这类神经促进剂可能会造成社会性压力，使那些本来拒绝以人工手段提高工作效率的人也被迫服用这类药物。目前在美国的一些大学校园里已经有这种趋势，在职场也有这种情况。
- 长期服用这类药剂甚至可能改变一个人的性格。这一点也是一部讲述亲身体验莫达非尼的影片的主旨，这个影片可以在YouTube上找到。电影中讲述了记者史蒂文是如何因服用莫达非尼逐渐变成一个伪君子，随着时间的推移，他越来越严重，只关注自己的工作和问题，在同事眼中，他变成了一个对别人封闭了自我的工作狂。事后史蒂文问自己："假如人都已经不再是自己了，这样做的意义又何在？"如果能再来一次，他一定不会选择服用这种"灵药"。有些夸张？可能吧，但我们要好好思考一下！

CONCLUSION

1. 神经促进剂是改善专注力的一种药品,也常被称作大脑兴奋剂(与体育界的兴奋剂不同,它是合法的)。
2. 两种重要的提高大脑工作效率的药物是哌醋甲酯(利他林)和莫达非尼。
3. 哌醋甲酯(利他林)最早被用于治疗注意缺陷多动障碍,加强脑内多巴胺的作用,暂时提高专注力,主观上提高工作效率。
4. 莫达非尼最早用于治疗多发性嗜睡病,影响食欲素,加强脑内多巴胺的分泌,让人更加清醒,更有效率,对于聚合思维有所帮助,但对创造性思维没有效果。
5. 目前为止没有发现这两种药物有毒副作用,所产生的药物依赖性也较小,但长期服用的后果还没有最终研究结果。

第 11 章
专注力对于企业的意义

Konzentration:
Wie wir lernen, wieder ganz
bei der Sache zu sein

企业需要专注于创新和员工。

如果想要知道专注力对于企业的意义，那么有必要来看一下来自芬兰的诺基亚公司的发展史。这个品牌在过去几年甚至几十年里主要代表着一个产品——移动电话。过去，如果有人想要买手机，那选这个牌子绝不会错。诺基亚曾是全球最大的手机生产商，就算到今天还能在很多智能手机上听到它的遗迹——诺基亚的专属铃声。1996年，诺基亚9000 Communicator上市时，还没有智能手机这一概念（或者至少不是特别流行），但Communicator就是这样一部手机：除了可以打电话，还可以发送电子邮件、短信和彩信，甚至可以上网，大量应用程序使这部手机的功能几乎相当于一部小型便携电脑。虽然这部手机有些重（也因此有了广为人知的"板砖"这一外号），但它很快就成为管理层及数码爱好者们的身份象征。直到2008甚至2009年，这部机器还在不断更新。但近年来它的研发想法总是与市场需求擦肩而过。

伯恩哈德·冯·穆蒂乌斯博士（Dr. Bernhard von Mutius）是未来、创新及颠覆性思维领域的专家，他多次在演讲中提到Communicator这款手机，问有谁曾在15年前拥有这部手机，有相当一部分听众都有，"那现在呢？"没有人回应。原因很简单，现在如果有人要买手机或智能手机，在市场上已经找不到诺基亚了，在二手市场倒是还有，但新手机是没有了。到底发生了什么呢？

已有的还是新鲜的

大家自然都知道发生了什么：诺基亚虽然曾是手机市场的行业龙头，并且曾推出一款和现在智能手机类似的手机，然而就像黑莓手机的生产商 RIM 一样，诺基亚低估了 2007 年苹果公司推出的 iPhone 手机的巨大影响力。iPhone 手机进行了几项第一眼看上去并不太具革命性，实际却很重要的革新：更加现代的传输技术、通过软件平台实现的创新应用程序以及更加简单的操作，当然，最主要的一点还是触摸屏。诺基亚和 RIM 长期以来始终坚持保留它们引以为傲的键盘，做出了一个让它们损失惨重的战略决策，这最终也导致诺基亚必须完全放弃手机市场。换句话说，这两家公司都将关注点放在了错误的地方。

诺基亚和 RIM 将它们的注意力集中在了已有的、毋庸置疑是优秀的、并且已取得成功的产品上；它们专注地继续研发这些产品，却没有看到真正的创新；它们的关注点不是"下一项创新"，而是"旧瓶装新酒"，但这个酒瓶已经没有可利用的价值了。这种模式在一段时间内还能够很好

> 专注于已知和固有的事物 = 安全 & 风险

地运行，因为专注于已有产品上的模式从企业管理的角度看来是非常合理的：已进入市场的产品通常是公司的"摇钱树"，能为公司带来丰厚利润，也早已收回创新成本。问题只是这种模式有直接错过必要的创新机会的风险，对于拥有极为短暂的产品周期的高科技行业来说，这是极容易发生的，不过说到底，任何企业都会碰到这样的问题。如果一家公司仅仅把注意力局限在熟悉的、已有的产品上，那么在一开始它就不会察觉到变革的到来；察觉到了也会认为这场变革是微不足道的；等终于意识到自己该采取应对措施的时候，往往已为时过晚。

与选择已有产品的策略完全相反的方法就是选择探索，这也是苹果公司经常提到的策略，但苹果公司不是唯一的例子。不断探索的公司乐于研究并勇于寻找替代品取代已有产品。

> 集中在新事物上 = 风险 & 机遇

很多时候它们的产品并不是真正的创意所在，背后的理念才是。在美国胜家公司 1875 年开始掌控缝纫机市场时，凭借的不是市面上已有的缝纫机，而是在那时革命性的设想：让女人可以独立地操作一台机器。这一设想实现了，并使胜家公司在今后的几十年里成为该行业的领头羊。

这两条道路本身并不必然会导致企业的失败或成功，长盛不衰的企业常常选择中间道路：

■ 利用热销的产品提升效益、提高效率，利用它们创造高收益率；

- 同时另辟蹊径、拓宽视野、关注新事物，根据创新过程的成果研发自己的产品。

想要生动展示这两个目标，我们可以用第 5 章提到的"九个点"模型：

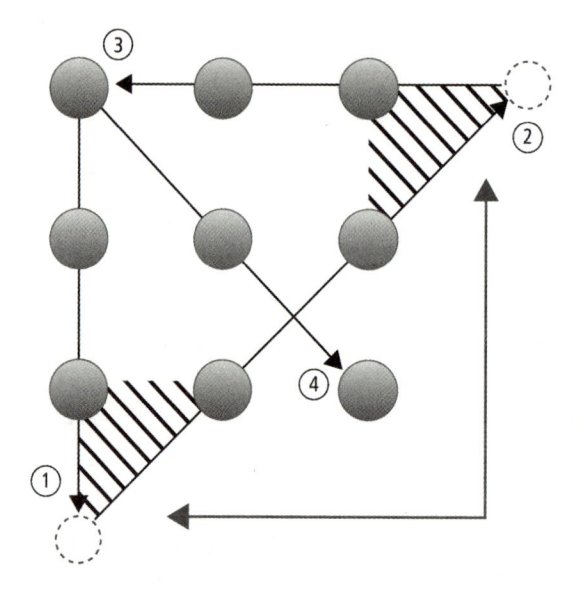

已知的区域，也就是专注力集中在"旧瓶装新酒"上：在图中是由九个点组成的正方形。但更有趣的、能带来盈利的是两个阴影区域，代表着专注力集中在新事物上，代表着探索新的可能性，代表着走向长盛不衰的下一步路。当然这个区域的风险也是非常大的——探索

> 制定企业策略：一个和专注力有关的问题。

新的可能性打开了机遇的大门，但那里却并不安全。

这两个区域的相互作用机制或许就是企业战略决策的核心问题。正确地认识并且调整应分别投入多少资源在现有的产品和新的探索中，是一家企业核心能力的重中之重，当然在做这个决策时要基于准确的数据材料、可靠的市场调研以及与所有部门与员工的密切交流，但最后可能还总是会靠几分"直觉"。

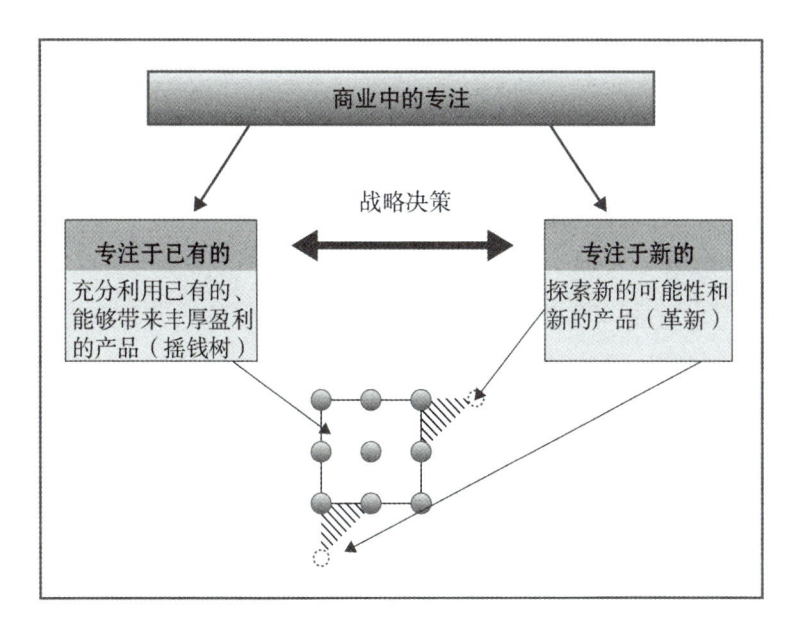

```
                    商业中的专注
         ↙                              ↘
                      战略决策
   ┌─────────────┐   ←——→   ┌─────────────┐
   │ 专注于已有的 │          │ 专注于新的  │
   │ 充分利用已有的、│        │ 探索新的可能性和│
   │ 能够带来丰厚盈利│        │ 新的产品（革新）│
   │ 的产品（摇钱树）│        └─────────────┘
   └─────────────┘
```

诺基亚和苹果公司的竞争似乎已经尘埃落定——至少目前是这样。但不要忘记，苹果公司的市场主导地位也不是生来就有的。当史蒂夫·乔布斯在离开近13年后于1997年重返苹果公司时，公司也有很多旧产品，产品种类极为丰富，创意却很少，看起来更像是发散型而不是聚合型模式。而另一方面，

第 11 章 专注力对于企业的意义

诺基亚并不是自成立初期就生产电子产品的，它最初是一家造纸厂，在20世纪早中期开始扩展到橡胶行业，生产汽车轮胎、橡胶靴等。从那个时期到 Communicator 手机，公司肯定也不止一次将专注力集中在了创新上，这些努力在未来或许还会取得成功。不管怎样，诺基亚现在已经重回手机市场。竞争始终是存在的。

以人为本

除了关注创新，也就是关注产品之外，企业在未来会更加关注人。长期以来人们将此理解为关注顾客，也就是我们所理解的"以顾客为中心"和"以顾客为导向"，但是在未来的几年，企业员工也会扮演越来越重要的角色。除了"以顾客为中心"外，也必须"以员工为中心"。员工的角色从纯生产要素变成了企业成功的共同决定要素。据目前估计，人口结构的变化会导致德国到2030年缺少500万～800万专业劳动力。"人才战争"这场对最优秀人才的竞争会迅速进入白热化，而只有确实关注员工的企业才能赢得胜利。关注员工，指的是将"员工视作数字世界的第一顾客"，是"企业对个人的重新认识"，这是最近出版的一本畅销书中提到的观点，它是由著名作家和商务训练师埃德加·热弗鲁瓦（Edgar Geffroy）以及戴尔德国总经理多丽丝·阿尔贝茨（Doris Albiez）合著的畅销书《把员工放在心中》（*Herzenssache Mitarbeiter*）。只有把员工放在商业决策及管理过程中心位置的企业，才能获得长久的成功。企业必须更加吸引员工，要为"满足年轻的高素质储备人才的期待"提供更多，不仅是就业机会和丰厚薪水，还包括：

- 有吸引力的工作环境；
- 符合员工能力的工作，不会令员工感到负担过重（以便员工能够产生心流）；
- 灵活的工作时间，可以在家中工作——同时避免在下班时间和周末通过手机和邮件联系员工；
- 采取措施更好地平衡员工的工作与生活，包括适当的企业内部活动；
- 自主工作、独立承担责任及自我实现的可能性；
- 提供并投资员工的继续深造，促进员工的创新性；
- 顾及员工的个人生活目标；
- 支持、尊重与认可；
- 让员工真正地在工作中获得快乐，让工作时间成为"优质时间"。

思考

你对一个理想的工作岗位有何期待？

_____

_____

作为老板，你会为员工做些什么？

_____

_____

第 11 章　专注力对于企业的意义

很多经济专家已经认识到，只有那些将注意力集中到创新和人，也就是员工身上的企业才会是赢家。

CONCLUSION

1. 专注于创新和专注于人是未来企业越来越重要的要素。
2. 专注于已知、已有产品似乎在当下看来更加安全，但存在被创新性竞争者超越的风险。
3. 专注于创新虽然有较高的风险，但也有机会以新的生产理念取得成功。
4. 最佳方案是两种策略相结合：最大化地利用稳定的、效益丰厚的产品，同时探索替代产品。
5. 不断跳出惯常的"九个点"内的区域，从"外部"质疑自己的产品、结构和营销策略，寻找新的道路。
6. 专注于人，不仅是指专注顾客，也指专注于员工，这在未来会越来越重要。
7. 员工是企业成功的共同决定要素。2030年德国将会缺少约500万~800万专业劳动力，只有将员工放在管理过程的中心位置，企业才能取得长期的成功。
8. 需要向员工提供吸引人的工作环境、灵活的工作时间和地点、平衡工作与生活的选择、自主工作、继续深造的机会、在自身能力范围内的挑战、尊重以及工作时的乐趣。

Published in its Original Edition with the title

Konzentration: Wie wir lernen,wieder ganz bei der Sache zu sein

Author: Marco von Münchhausen

By GABAL Verlag GmbH

Copyright © GABAL Verlag GmbH, Offenbach

This edition arranged by Beijing ZONESBRIDGE Culture and Media Co., Ltd.

Simplified Chinese edition copyright © 2018 by China Renmin University Press.

All Rights Reserved.

本书中文简体字版由北京中世汇桥文化传媒有限公司独家授予中国人民大学出版社有限公司，全书文、图局部或全部，未经该公司同意不得转载或翻印。

版权所有，侵权必究。

北京阅想时代文化发展有限责任公司为中国人民大学出版社有限公司下属的商业新知事业部,致力于经管类优秀出版物的策划及出版,主要涉及经济管理、金融、投资理财、心理学、成功励志、生活等出版领域,下设"阅想·商业""阅想·财富""阅想·新知""阅想·心理""阅想·生活"以及"阅想·人文"等多条产品线,致力于为国内商业人士提供涵盖先进、前沿的管理理念和思想的专业类图书和趋势类图书,同时也为满足商业人士的内心诉求,打造一系列提倡心理和生活健康的心理学图书和生活管理类图书。

阅想·心理

《意志力心理学:如何成为一个自控而专注的人》

- 影响千万德国人的意志力方法论。
- 让你比别人多一些定力和自控力,在成功的路上走得更远。
- 拆书帮创始人赵周倾情推荐。

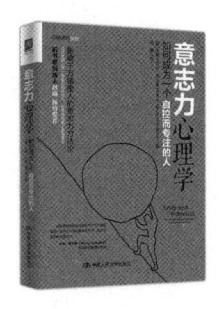

《人格心理学:人格与自我成长》

- 一部自1974年问世以来不断更新再版、畅销40余年的心理学经典著作。
- 完整梳理现代人格理论的发展脉络,讲述心理学各大流派对人格理论的构建及贡献。
- 以跨文化的全球性知识体系帮助你深入了解人类的本性,以便你可以用来更好地了解自己、了解他人。